U0067659

旗 標 FLAG

好書能增進知識　提高學習效率　卓越的品質是旗標的信念與堅持

# 旗 標 FLAG

http://www.flag.com.tw

# 旗 標 FLAG

好書能增進知識　提高學習效率　卓越的品質是旗標的信念與堅持

旗 標 FLAG

http://www.flag.com.tw

# 職場必備超省時

效率 UP!

# Excel
# 函數便利技

Excel 2016/2013/2010/2007 適用

日花弘子 著

感謝您購買旗標書，
記得到旗標網站
www.flag.com.tw

更多的加值內容等著您…

作　　者／日花弘子

翻譯著作人／旗標科技股份有限公司

發 行 所／旗標科技股份有限公司

　　　　　台北市杭州南路一段 15-1 號 19 樓

電　　話／ (02)2396-3257( 代表號 )

傳　　真／ (02)2321-2545

劃撥帳號／ 1332727-9

帳　　戶／旗標科技股份有限公司

執行企劃／林佳怡

執行編輯／林佳怡

美術編輯／薛詩盈

封面設計／古鴻杰

校　　對／林佳怡

● FB 官方粉絲專頁：旗標知識講堂

● 旗標「線上購買」專區：您不用出門就可選購旗標書！

● 如您對本書內容有不明瞭或建議改進之處，請連上
旗標網站，點選首頁的 聯絡我們 專區。

　若需線上即時詢問問題，可點選旗標官方粉絲專頁
留言詢問，小編客服隨時待命，盡速回覆。

　若是寄信聯絡旗標客服 emaill，我們收到您的訊息
後，將由專業客服人員為您解答。

　我們所提供的售後服務範圍僅限於書籍本身或內
容表達不清楚的地方，至於軟硬體的問題，請直接
連絡廠商。

學生團體　訂購專線：(02)2396-3257 轉 362
　　　　　傳真專線：(02)2321-2545

經銷商　　服務專線：(02)2396-3257 轉 331
　　　　　將派專人拜訪
　　　　　傳真專線：(02)2321-2545

新台幣售價：320 元

西元 2021 年 1 初版 4 刷

行政院新聞局核准登記 - 局版台業字第 4512 號

ISBN 978-986-312-418-4

版權所有 • 翻印必究

MA SUGU TSUKAERU KANTAN mini
Excel KANSU KIHON & BENRI-WAZA
[Excel 2016/2013/2010/2007 TAIO-BAN]
by Hiroko Hibana
Copyright © 2016 Hiroko Hibana
All rights reserved.
Original Japanese edition published by
Gijutsu-Hyoron Co., Ltd., Tokyo

This Complex Chinese edition is published by
arrangement with Gijutsu-Hyoron Co., Ltd.,
Tokyo in care of Tuttle-Mori Agency, Inc., Tokyo

國家圖書館出版品預行編目資料

效率 UP！職場必備超省時 Excel 函數便利技
日花弘子 作；許淑嘉 譯
臺北市：旗標，2017.06　面；公分

ISBN 978-986-312-418-4( 平裝附光碟 )

1.EXCEL( 電腦程式 )

312.49E9　　　　　　　　106001528

# 關於光碟

本書書附光碟收錄各章的範例檔案，方便您一邊閱讀、一邊操作練習，讓學習更有效率。使用本書光碟時，請先將光碟放入光碟機中，稍待一會兒就會出現**自動播放**交談窗，按下**開啟資料夾以檢視檔案**項目，即可開啟光碟內容。

請務必將光碟中的所有檔案複製一份到硬碟中，並取消檔案及資料夾的「唯讀」屬性，以便對照書中的內容練習。

各個範例檔案是依照章、單元順序來存放，檔案名稱則是依書中的單元順序來命名，例如第 1 章的 Unit 01 其範例檔案命名方式為「Unit 01_01.xlsx」、第 3 章的 Unit 30 則是以「Unit 30_01.xlsx」來命名、…請依此類推。

開啟範例 Excel 檔後，「範例」工作表為該範例尚未開始操作的原始資料，而該範例執行過的完成結果，則存放在「結果」工作表中。

請注意，有部份單元在介紹函數的觀念及用法，所以不會附上「範例檔案」。您會發現「單元編號」有不連續的情形，這並不是檔案有缺漏或是光碟有問題。

# 本書的閱讀方法

- 只要跟著畫面的解說步驟操作，即可達到想要的結果。
- 想要更深入了解的人，可以參考補充說明。
- 嚴選讀者最想了解的功能做介紹。

**特 點 1**

依各種功能整合分類，
因此可以更快速找到
「想要的功能」。

## 求得出現次數最多的資料

當數值資料中有出現相同的值時，出現最多次的數值被稱為「眾數」(Mode)。
例如以數字回答的問卷調查中，出現最多次的值。

在這個範圍中說明
函數的語法、分類
及對應版本。

| 格式 | 分類 | 統計 | | MODE | 2007 | 2010 | 2013 | 2016 |
| | | | | MODE.MULT | 2007 | 2010 | 2013 | 2016 |

MODE(數值1,[數值2]...)
MODE.SNGL(數值1,[數值2]...) Excel 2010以後新增的函數
MODE.MULT(數值1,[數值2]...)

詳細說明函數中各
引數所代表的意義。

**引數**

[數值] 指定數值、數值儲存格或儲存格範圍。指定的儲存格範圍中字串、邏輯值或空白儲存格都會被忽略。

**Memo**

輸入陣列公式
要輸入陣列公式，在輸入函數後，按住 Ctrl + Shift 鍵的同時再按下 Enter 鍵。

針對部分函數做更
詳細的說明。

**■ MODE.SNGL 函數的回傳值**

MODE.SNGL 函數會回傳最先找到的眾數。下圖的資料 A 與資料 B 皆由相同的資料所構成，只有排列順序不同。由下面的這個例子就能看出，MODE.SNGL 函數會依照資料順序的不同而回傳不同的眾數。

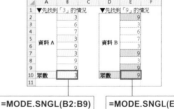

=MODE.SNGL(B2:B9)　　　=MODE.SNGL(E2:E9)

3-20

4

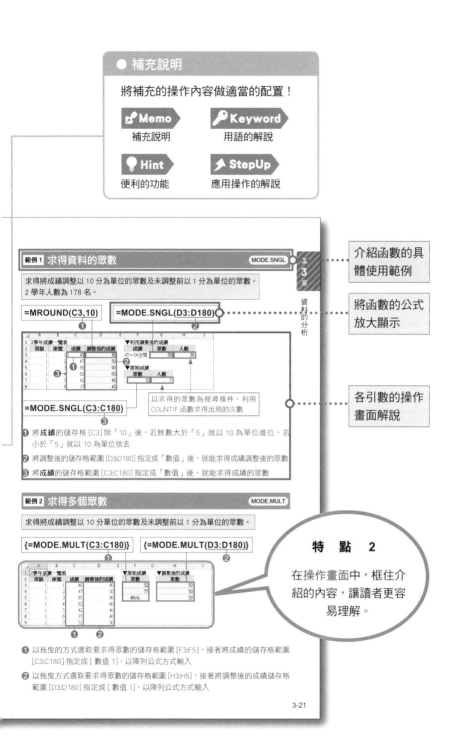

● 補充說明

將補充的操作內容做適當的配置！

**Memo** 補充說明　　**Keyword** 用語的解說

**Hint** 便利的功能　　**StepUp** 應用操作的解說

---

**範例1 求得資料的眾數**　　MODE.SNGL

求得將成績調整以 10 分為單位的眾數及未調整前以 1 分為單位的眾數。
2 學年人數為 178 名。

**=MROUND(C3,10)** ❶　　**=MODE.SNGL(D3:D180)** ❷

**=MODE.SNGL(C3:C180)** ❸

以求得的眾數為搜尋條件，利用
COUNTIF 函數求得出現的次數

❶ 將**成績**的儲存格 [C3] 除「10」後，若餘數大於「5」就以 10 為單位進位，若
小於「5」就以 10 為單位捨去

❷ 將調整後的儲存格範圍 [D3:D180] 指定成「數值」後，就能求得成績調整後的眾數

❸ 將**成績**的儲存格範圍 [C3:C180] 指定成「數值」後，就能求得成績的眾數

介紹函數的具
體使用範例

將函數的公式
放大顯示

各引數的操作
畫面解說

第 3 章 資料的分析

---

**範例2 求得多個眾數**　　MODE.MULT

求得將成績調整以 10 分單位的眾數及未調整前以 1 分為單位的眾數。

**{=MODE.MULT(C3:C180)}** ❶　　**{=MODE.MULT(D3:D180)}** ❷

**特　點　2**

在操作畫面中，框住介
紹的內容，讓讀者更容
易理解。

❶ 以拖曳的方式選取要求得眾數的儲存格範圍 [F3:F5]，接著將成績的儲存格範圍
[C3:C180] 指定成 [ 數值 1]，以陣列公式方式輸入

❷ 以拖曳方式選取要求得眾數的儲存格範圍 [H3:H5]，接著將調整後的成績儲存格
範圍 [D3:D180] 指定成 [ 數值 1]，以陣列公式方式輸入

# 本書的 Excel 版本

雖然 Excel 有很多個版本，函數也會隨著版本的更新而新增函數，但其操作方法皆相同。本書中的畫面或操作說明都是使用 Excel 2016，但其他 Excel 的操作方法有所不同時，都會補充說明。在本書中，以 4 個版本為說明對象。

■ **Excel 2016**

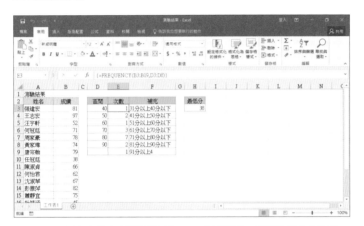

Excel 2016 是本書說明畫面所使用的 Excel 最新版本。函數的輸入方法與 Excel 2007 之後的版本相同。另外，Excel 2013 以前的函數也可以以相容性函數繼續使用。在 Excel 2016 的各分類中，新增了幾個函數，但在本書中並沒有特別針對這些新函數做介紹。

■ **Excel 2013**

函數輸入的方法與 Excel 2007/2010 相同。另外，Excel 2010 以前的函數也可以以相容性函數繼續使用。與 Excel 2010 相同，新增統計函數外，還新增了邏輯函數及 Web 函數。在本書中介紹了 Excel 2013 新增的 IFNA 函數。

## ■ Excel 2010

Excel 2010 則以統計函數為中心，變更許多函數的名稱及功能的提升。不過，Excel 2007 以前的函數也可以以相容性函數繼續使用。

## ■ Excel 2007

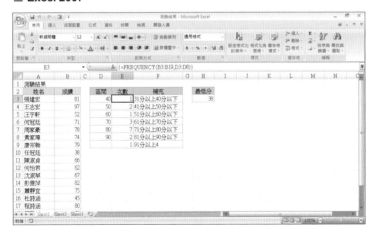

在 Excel 2007 中新增了 SUMIFS、AVERAGEIF、AVERAGEIFS、COUNTIFS、IFERROR 等 5 種包函「IF」的函數，編輯效率大幅向上提升。也增加了命名為 Cube 函數的多次元資料庫的操作函數。另外，在函數輸入的方法中，新增了從**公式**頁次**函數程式庫**中選擇的方法、從鍵盤輸入函數首字文字後，就會出現以候補方式顯示的函數自動完成功能。

認識函數

## 第 2 章　執行計算

第 **4** 章　　**資料的判斷**

## 第 5 章　日期與時間的計算

第 **6** 章　**搜尋表格資料**

## 第 **7** 章　**財務會計的計算**

# 字串的編輯技巧

第 **1** 章

# 認識函數

# 01 函數是指？

函數是公式的一種，它無法依照自己的思考方式去撰寫公式，而是有特別被定義「寫法」的公式。依照定義的方式輸入後，執行公式並顯示其結果。

## 1 函數的語法

公式的格式

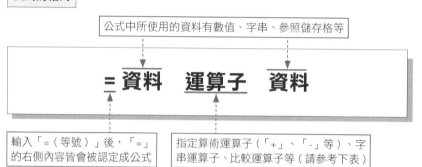

公式中所使用的資料有數值、字串、參照儲存格等

$$= 資料 \quad 運算子 \quad 資料$$

輸入「=（等號）」後，「=」的右側內容皆會被認定成公式

指定算術運算子（「+」、「-」等）、字串運算子、比較運算子等（請參考下表）

運算子

| 運算子 | 符號 | 說明 | 執行順序 |
|---|---|---|---|
| 算術運算子 | %（百分比符號） | 百分比 | 1 |
| | ^（次方符號） | 乘冪 | 2 |
| | *（星號） | 乘法 | 3 |
| | /（斜線） | 除法 | |
| | +（加號） | 加法 | 4 |
| | -（減號） | 減法 | |
| 字串連接運算子 | &（與） | 字串的連結 | 5 |
| 比較運算子 | =（等於） | 左邊與右邊相等 | 6 |
| | <>（不等於） | 左邊和右邊不相等 | |
| | >=（大於或等於） | 左邊大於或等於右邊 | |
| | <=（小於或等於） | 左邊小於或等於右邊 | |
| | >（大於） | 左邊大於右邊 | |
| | <（小於） | 左邊小於右邊 | |

## 2 使用函數的優點

### 利用公式求得合計值

> 用連續的「+」運算子執行加法計算

| ▲ | A | B | C | D |
|---|---|---|---|---|
| 1 | 申請記錄 | | | |
| 2 | 申請日期 | 申請人數 | 人數累計 | |
| 3 | 6/6 | 15 | 15 | |
| 4 | 6/7 | 21 | 36 | |
| 5 | 6/8 | 38 | 74 | |
| 6 | 6/9 | 端午連休 | #VALUE! | |
| 7 | 6/10 | 端午連休 | #VALUE! | |
| 8 | 合計 | =B3+B4+B5+B6+B7 | | |

> 加法算式中出現字串，計算結果會出現錯誤

| ▲ | A | B | C | D |
|---|---|---|---|---|
| 1 | 申請記錄 | | | |
| 2 | 申請日期 | 申請人數 | 人數累計 | |
| 3 | 6/6 | 15 | 15 | |
| 4 | 6/7 | 21 | 36 | |
| 5 | 6/8 | 38 | 74 | |
| 6 | 6/9 | 端午連休 | #VALUE! | |
| 7 | 6/10 | 端午連休 | #VALUE! | |
| 8 | 合計 | #VALUE! | | |

### 利用函數求得的合計值　公式變短

| ▲ | A | B | C | D |
|---|---|---|---|---|
| 1 | 申請記錄 | | | |
| 2 | 申請日期 | 申請人數 | 人數累計 | |
| 3 | 6/6 | 15 | 15 | |
| 4 | 6/7 | 21 | 36 | |
| 5 | 6/8 | 38 | 74 | |
| 6 | 6/9 | 端午連休 | #VALUE! | |
| 7 | 6/10 | 端午連休 | #VALUE! | |
| 8 | 合計 | =SUM(B3:B7) | | |

> 忽略合計範圍裡的文字，計算出正確結果

| ▲ | A | B | C | D |
|---|---|---|---|---|
| 1 | 申請記錄 | | | |
| 2 | 申請日期 | 申請人數 | 人數累計 | |
| 3 | 6/6 | 15 | 15 | |
| 4 | 6/7 | 21 | 36 | |
| 5 | 6/8 | 38 | 74 | |
| 6 | 6/9 | 端午連休 | #VALUE! | |
| 7 | 6/10 | 端午連休 | #VALUE! | |
| 8 | 合計 | 74 | | |

## 3 函數的類別

| 類別 | 包含的函數類型 |
|---|---|
| 數學與三角函數 | 四則運算、尾數的處理、三角函數等數學相關的函數 |
| 統計 | 平均、個數合計、機率／推斷／審合等統計函數 |
| 日期及時間 | 日期與期間、時刻與時間的計算 |
| 邏輯 | 根據條件來判斷真假後，再依真假做處理 |
| 檢視與參照 | 資料搜尋及位置檢索 |
| 文字 | 統一文字格式、文字的搜尋與取代、字串的連結與切割等與字串處理相關的函數 |
| 財務 | 借入、償還、投資、儲蓄、折舊等的財務函數 |
| 資訊 | 取得儲存格資訊 |
| 資料庫 | 從資料表中將符合條件的資料加總等計算 |
| 工程 | 進位轉換、單位轉換、…等工程函數 |
| Cube | 被稱為「Cube」的多次元資料庫操作 |
| Web | 參照網頁資料的操作 |

# 熟記函數的語法吧！

Excel 中內建了超過 350 個以上的函數，在版本更新的同時，函數的種類也一直在增加中。僅管如此所有函數的語法 ( 基本構造 ) 都是相同的，沒有例外。

## 1 函數的語法

函數的概念

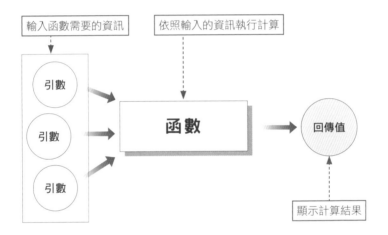

輸入函數需要的資訊　　依照輸入的資訊執行計算

引數

引數

引數

函數

回傳值

顯示計算結果

🔑 **Keyword**

引數

**引數**是指函數所需的資訊。例如下了「請計算個數」的指示後，若沒有指定計算範圍就無法計算。在此情況下「計算範圍」就代表「引數」。

📝 **Memo**

函數要用半形文字輸入

雖然有時函數會指定引數為全形文字，但符號或函數名稱都要以半形文字輸入。輸入函數名稱或儲存格參照時，不論以英文字母的大寫或小寫輸入，在確定輸入後，會自動轉換成大寫字母。

函數的格式

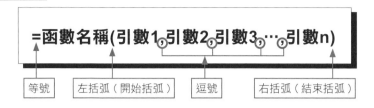

**=函數名稱(引數1,引數2,引數3,…,引數n)**

等號　左括弧（開始括弧）　逗號　右括弧（結束括弧）

## 2 指定引數的資料類型

| 類型 | 說明 | 範例 |
|---|---|---|
| 儲存格參照 | 儲存格、儲存格範圍、定義儲存或儲存格範圍的名稱 | A1（儲存格）、A1:C2（儲存格範圍）、List（名稱） |
| 數字 | 實數、整數 | 30.25、0、-2.85 |
| 字串 | 英文字母、中文字、特殊文字、萬用字元等所有字串。引數中字串的前後需用「"（引號）」框住。 | "合格"、"台北市"、"Word" |
| 錯誤值 | 函數或公式的計算結果、儲存格發生錯誤或在儲存格中輸入錯誤資料（1-36 頁） | #N/A、#DIV/0!、#VALUE! |
| 邏輯值 | 不論大小寫的 TRUE（真）或 FALSE（偽） | true、false、TRUE、FALSE |
| 邏輯式 | 公式中使用比較運算子求得的結果為邏輯值 | A5>1000、C5=E5 |
| 公式 | 公式中使用運算子求得的結果為數值或字串 | B3+B4/60、B3&"元" |
| 陣列常數 | 區分資料的「,（逗號）」、切割列的「;（分號）」及框住預設表格的「{} 大括號」 | {1," 雅雯 ";2," 曉芳 "}（2 欄 2 列的表格） |

> **Memo**
>
> 萬用字元
>
> 可以取代字串的符號稱為**萬用字元**。在引數中可以使用的 3 種萬用字元，皆要以半形文字輸入。萬用字元主要用在利用函數搜尋字串時。
>
> | 符號 | 定義 | 使用範例 |
> |---|---|---|
> | ?問號 | 任 1 個字元 | 「台北?」<br>→「台北市」、「台北人」 |
> | *星號 | 任意長度的字串。指定 * 的位置，可以是無字元 | 「台北*」<br>→「台北市」、「台北車站」「台北市區」、「台北」 |
> | ~波浪 | 要將 ? 或 * 當成字串時，則要在 ? 或 * 前加上 ~（波浪號） | 「*山~?」<br>→「山?」「陽明山?」 |

# 03 從交談窗輸入函數

函數的引數是依各個函數來決定引數的指定順序及內容。不知道引數的指定順序或引數要指定的內容時，可以透過交談窗輸入。

## 1 從「插入函數」交談窗輸入函數

利用 AVERAGE 函數求得平均評價。

**2** 按下**插入函數**鈕

| | A | B | C | D | E | F | G | H |
|---|---|---|---|---|---|---|---|---|
| 1 | 各分店評價 | | | | | | | |
| 2 | 分店名稱 | 商品齊全度 | 店面環境 | 服務態度 | | | | |
| 3 | 三創門市 | 3 | 3 | 2 | | | | |
| 4 | 承德門市 | 4 | 3 | 3 | | | | |
| 5 | 植福門市 | 4 | 2 | 1 | | | | |
| 6 | 仁愛門市 | 3 | 5 | 5 | | | | |
| 7 | 延吉門市 | 5 | 2 | 2 | | | | |
| 8 | 內湖門市 | 4 | 3 | 4 | | | | |
| 9 | 公館門市 | 5 | 3 | 4 | | | | |
| 10 | 平均評價 | | | | | | | |
| 11 | | | | | | | | |

**1** 選取要輸入函數的儲存格

**3** 開啟**插入函數**交談窗　　**4** 按下**或選取類別**的 ▾ 鈕

**5** 選擇函數類型（這裡為**統計**）

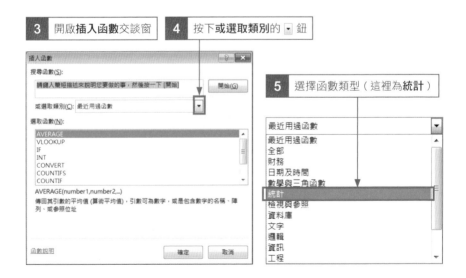

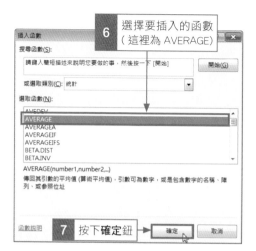

6 選擇要插入的函數（這裡為 AVERAGE）

7 按下**確定**鈕

8 開啟**函數引數**交談窗

9 按下**摺疊**鈕（縮小交談窗）

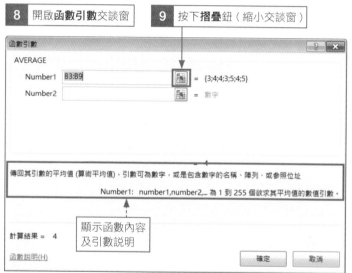

顯示函數內容及引數說明

10 折疊的交談窗

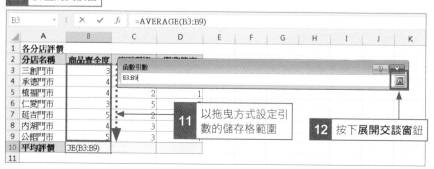

11 以拖曳方式設定引數的儲存格範圍

12 按下展開交談窗鈕

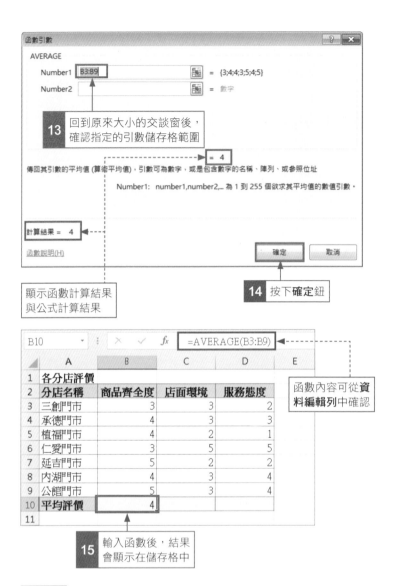

函數引數

AVERAGE

Number1 B3:B9 = {3;4;4;3;5;4;5}

Number2 = 數字

**13** 回到原來大小的交談窗後，確認指定的引數儲存格範圍

= 4

傳回其引數的平均值 (算術平均值)，引數可為數字，或是包含數字的名稱、陣列、或參照位址

Number1: number1,number2,... 為 1 到 255 個欲求其平均值的數值引數。

計算結果 = 4

函數說明(H)

確定    取消

顯示函數計算結果與公式計算結果

**14** 按下**確定**鈕

B10    fx    =AVERAGE(B3:B9)

| | A | B | C | D | E |
|---|---|---|---|---|---|
| 1 | 各分店評價 | | | | |
| 2 | 分店名稱 | 商品齊全度 | 店面環境 | 服務態度 | |
| 3 | 三創門市 | 3 | 3 | 2 | |
| 4 | 承德門市 | 4 | 3 | 3 | |
| 5 | 植福門市 | 4 | 2 | 1 | |
| 6 | 仁愛門市 | 3 | 5 | 5 | |
| 7 | 延吉門市 | 5 | 2 | 2 | |
| 8 | 內湖門市 | 4 | 3 | 4 | |
| 9 | 公館門市 | 5 | 3 | 4 | |
| 10 | 平均評價 | 4 | | | |
| 11 | | | | | |

函數內容可從**資料編輯列**中確認

**15** 輸入函數後，結果會顯示在儲存格中

### Memo

**函數的計算結果與公式的計算結果**

輸入在儲存格中的函數計算結果與整個公式的計算結果會分別顯示。這裡因為只有輸入 AVERAGE 函數，所以函數與公式的計算結果會相同，若在同一個儲存格中同時輸入函數和公式的話，結果就會不相同。

函數的結果    公式的結果

$$= SUM(A1:A5)+10$$

## 2 從「函數程式庫」中輸入

利用 AVERAGE 函數求得平均評價。

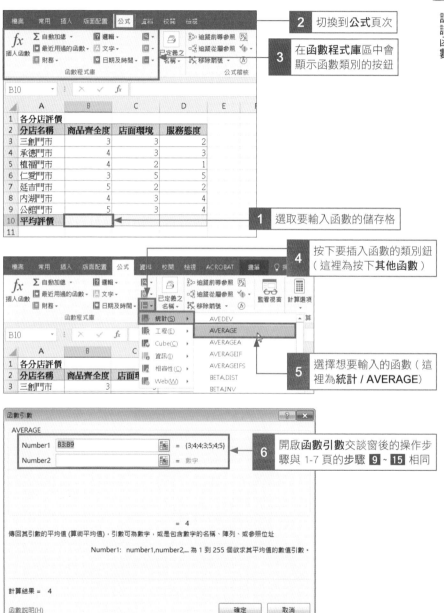

**2** 切換到**公式**頁次

**3** 在**函數程式庫**區中會顯示函數類別的按鈕

**1** 選取要輸入函數的儲存格

**4** 按下要插入函數的類別鈕（這裡為按下**其他函數**）

**5** 選擇想要輸入的函數（這裡為**統計 / AVERAGE**）

**6** 開啟**函數引數**交談窗後的操作步驟與 1-7 頁的步驟 **9** ~ **15** 相同

# 一鍵輸入函數

Excel 具有只要按下滑鼠左鍵，就能輸入 SUM 函數的自動加總功能。自動加總功能除了可以執行加總計算外，還能計算出平均值、計數、最大值及最小值。

## 1 透過「自動加總」鈕輸入

利用**自動加總**鈕求得銷售合計。

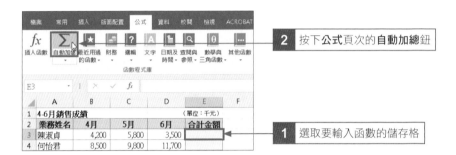

**2** 按下**公式**頁次的**自動加總鈕**

**1** 選取要輸入函數的儲存格

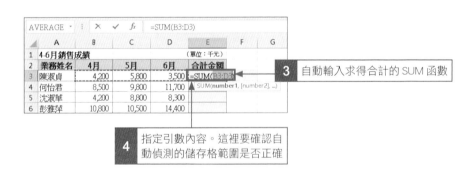

**3** 自動輸入求得合計的 SUM 函數

**4** 指定引數內容。這裡要確認自動偵測的儲存格範圍是否正確

**5** 按下 Enter 鍵，確定函數的輸入

## 2 利用「自動加總」鈕求得最大值

利用**自動加總**功能求得最高金額。

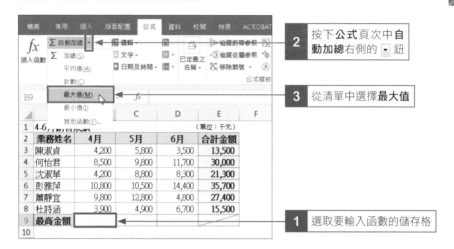

2　按下**公式**頁次中**自動加總**右側的 ▾ 鈕

3　從清單中選擇**最大值**

1　選取要輸入函數的儲存格

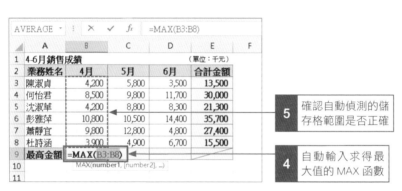

5　確認自動偵測的儲存格範圍是否正確

4　自動輸入求得最大值的 MAX 函數

6　按下 Enter 鍵，確定函數的輸入

# 用鍵盤直接輸入函數

輸入函數時，也可以利用鍵盤直接輸入。將記得的函數，利用鍵盤直接輸入會比透過交談窗的操作方法來的有效率。

## 1 函數名稱及引數內容皆從鍵盤輸入

從鍵盤直接輸入 AVERAGE 函數，以求得分店的平均評價。

**1** 選取要輸入函數的儲存格後，輸入「=（等於）」並開始輸入函數名稱（這裡為「AV」）

**2** 出現函數名稱的後補清單後，按下 ↓ 鍵移動到「AVERAGE」，然後按下 Tab 鍵

**3** 函數名稱及開始括弧會輸入到儲存格中

**4** 拖曳參照的儲存格範圍

**5** 選擇的儲存格範圍會被設定成引數內容

**Memo**

公式的自動完成功能

輸入函數名稱的第一個字母後，就會自動顯示以輸入的第一個字母為開頭的函數名稱清單。

**6** 輸入「)（結束括弧）」後，按下 Enter 鍵

| E3 | ▼ | : | × | ✓ | fx | =AVERAGE(B3:D3) | | |
|---|---|---|---|---|---|---|---|---|
| ▲ | A | B | C | D | E | F | G | H |
| 1 | 各分店評價 | | | | | | | |
| 2 | 分店名稱 | 商品齊全度 | 店面環境 | 服務態度 | 分店平均 | | | |
| 3 | 三創門市 | 3 | 3 | 2 | =AVERAGE(B3:D3) | | | |
| 4 | 承德門市 | 4 | 3 | 3 | | | | |
| 5 | 植福門市 | 4 | 2 | 1 | | | | |
| 6 | 仁愛門市 | 3 | 5 | 5 | | | | |

| E3 | ▼ | : | × | ✓ | fx | =AVERAGE(B3:D3) | | |
|---|---|---|---|---|---|---|---|---|
| ▲ | A | B | C | D | E | F | G | H |
| 1 | 各分店評價 | | | | | | | |
| 2 | 分店名稱 | 商品齊全度 | 店面環境 | 服務態度 | 分店平均 | | | |
| 3 | 三創門市 | 3 | 3 | 2 | 2.67 | | | |
| 4 | 承德門市 | 4 | 3 | 3 | | | | |
| 5 | 植福門市 | 4 | 2 | 1 | | | | |
| 6 | 仁愛門市 | 3 | 5 | 5 | | | | |

**7** 完成函數的輸入後，就會顯示該分店的平均評價

📝 **Memo**

**輸入開始括弧後，按下「插入函數」鈕**

想要利用**函數引數**交談窗來設定引數時，在輸入函數名稱及開始括弧後，按下**插入函數**鈕。若還沒輸入開始括弧就按下**插入函數**鈕的話，則會開啟插入函數交談窗。若出現**插入函數**交談窗時，先關閉交談窗，然後在輸入開始括弧後，再次按下**插入函數**鈕。

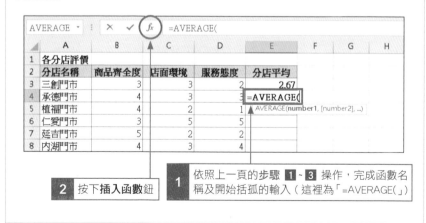

| AVERAGE | ▼ | : | × | ✓ | fx | =AVERAGE( | | |
|---|---|---|---|---|---|---|---|---|
| ▲ | A | B | C | D | E | F | G | H |
| 1 | 各分店評價 | | | | | | | |
| 2 | 分店名稱 | 商品齊全度 | 店面環境 | 服務態度 | 分店平均 | | | |
| 3 | 三創門市 | 3 | 3 | 2 | 2.67 | | | |
| 4 | 承德門市 | 4 | 3 | 3 | =AVERAGE( | | | |
| 5 | 植福門市 | 4 | 2 | 1 | AVERAGE(**number1**, [number2], ...) | | | |
| 6 | 仁愛門市 | 3 | 5 | 5 | | | | |
| 7 | 延吉門市 | 5 | 2 | 2 | | | | |
| 8 | 內湖門市 | 4 | 3 | 4 | | | | |

**2** 按下**插入函數**鈕

**1** 依照上一頁的步驟 **1**~**3** 操作，完成函數名稱及開始括弧的輸入（這裡為「=AVERAGE(」）

# 修正函數的「引數」

函數輸入後，可以依照需求修改引數內容。從資料編輯列或透過函數引數交談窗都能修改引數的內容，另外，在儲存格上快按兩下滑鼠左鍵，利用拖曳方式變更被選取的色彩儲存格範圍，也能修改其內容。

## 1 利用「資料編輯列」進行修正

將引數的儲存格範圍從 [C3:C8] 變更成 [C3:C5]。

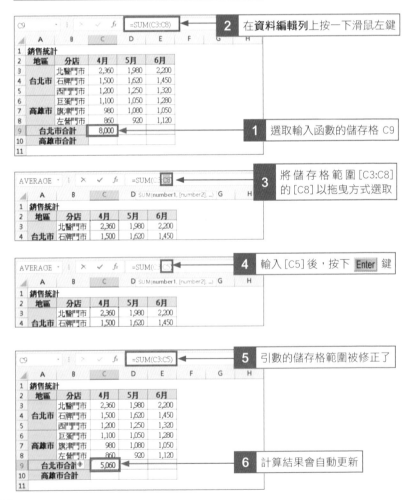

## 2 利用「函數引數」交談窗

將引數的儲存格範圍從 [C3:C8] 修正成 [C3:C5]。

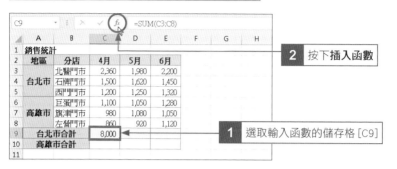

**2** 按下插入函數

**1** 選取輸入函數的儲存格 [C9]

**3** 開啟**函數引數**交談窗後

**4** 按下**摺疊**鈕

---

### 📝 Memo

按下「摺疊」鈕時應注意

在**步驟 4** 中，要在引數的儲存格範圍 [C3:C8] 被反白的情況下，按下**摺疊**鈕。若在 [C3:C8] 未被選取的情況下接著操作時，引數會變成錯誤的「C3:C8+C3:C5」。

接著執行**步驟 4** 後的操作

錯誤的選取內容

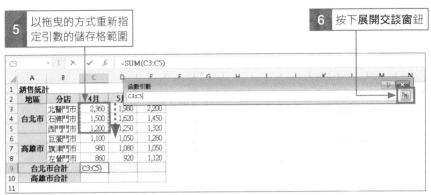

**5** 以拖曳的方式重新指定引數的儲存格範圍

**6** 按下**展開交談窗**鈕

**7** 確認引數的儲存格範圍

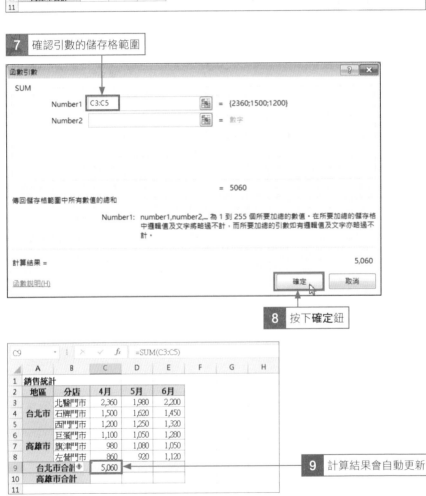

**8** 按下**確定**鈕

**9** 計算結果會自動更新

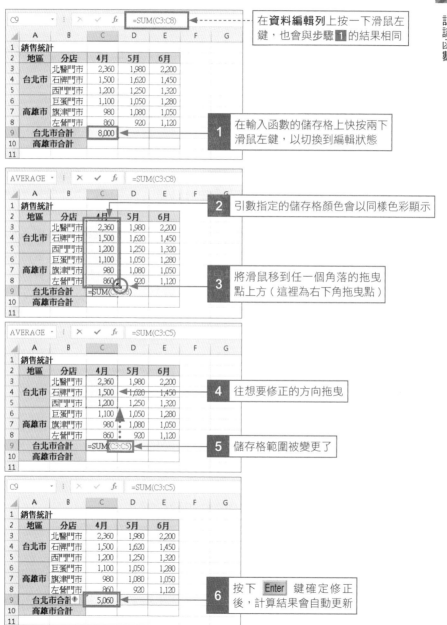

## 3 利用色彩範圍來修正

將引數的儲存格範圍從 [C3:C8] 變更成 [C3:C5]。

在**資料編輯列**上按一下滑鼠左鍵，也會與步驟 1 的結果相同

1 在輸入函數的儲存格上快按兩下滑鼠左鍵，以切換到編輯狀態

2 引數指定的儲存格顏色會以同樣色彩顯示

3 將滑鼠移到任一個角落的拖曳點上方（這裡為右下角拖曳點）

4 往想要修正的方向拖曳

5 儲存格範圍被變更了

6 按下 Enter 鍵確定修正後，計算結果會自動更新

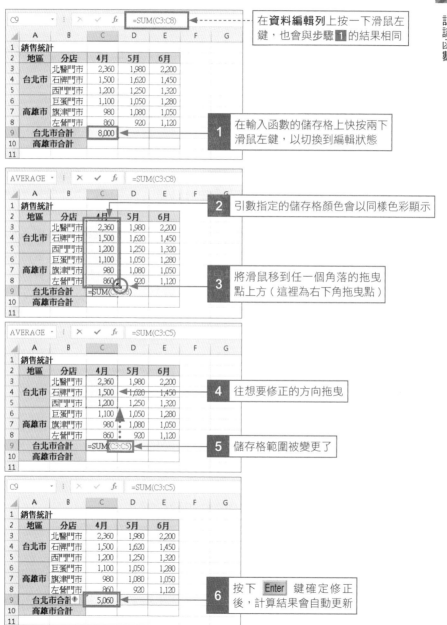

# 記住儲存格的參照方法

要在多個儲存格中執行相同的計算時，只要在一個儲存格輸入公式，其他的儲存格用**複製公式**的方式即可。公式是否能正確地複製，要將 3 種參照方式依需求分開使用。

## ■ 利用參照儲存格的優點

修改數值變簡單了

以下圖運費從 525 元變成 540 元為例，若在公式中的運費是直接輸入數值的話，要從顯示的公式內容中修改，其他儲存格也必需將公式更新。但若運費是利用參照儲存格時，則只要變更該參照內容即可。

### ▼ 直接指定數值

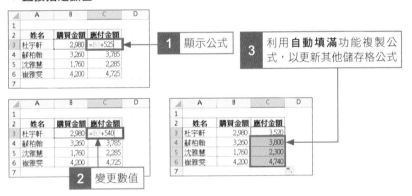

1 顯示公式

3 利用**自動填滿**功能複製公式，以更新其他儲存格公式

2 變更數值

### ▼ 利用參照儲存格參照數值

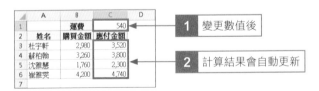

1 變更數值後

2 計算結果會自動更新

公式及函數的複製變得更簡單

使用參照儲存格時，只要在第一個儲存格輸入公式及函數，其他的儲存格利用**自動填滿**功能，能將公式及函數複製完成。

## 1 複製相對參照的公式

從銷售金額求得發票稅及請款金額。

**1** 在儲存格中輸入公式

**2** 以拖曳方式選擇存格範圍 [C2:D2]

**3** 拖曳**填滿控點**

**4** 完成公式的複製

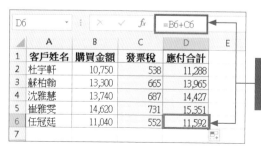

**5** 選取儲存格 [D6] 後，從**資料編輯列**中可以看到公式所參照的儲存格是以相對參照方式移動

## 2 複製絕對參照的公式

將直接輸入在公式的發票稅變更成參照儲存格方式。

1 在儲存格 F2 輸入發票稅「5%」

2 在儲存格 C2 上雙按滑鼠左鍵，用拖曳的方式選擇「5%」

3 點選輸入發票稅的儲存格 F2 後，公式會變成「=B2*F2」

4 按下 Enter 鍵，確認公式的輸入

5 將變更後的公式利用**自動填滿**功能複製後

6 其他儲存格的發票稅額會變成「0」

---

💡 **Hint**

值與絕對參照的不同

何時使用值，何時使用絕對參照的重點在於「數值變動的可能性」。以後絕對不會變動的數值，若特別設定絕對參照儲存格的話，反而會覺得沒有效率，這時請直接輸入數值。另外，若數值有可能會變動，例如：稅率、運費等，請使用絕對參照以預防變動的發生。

| AVERAGE | ▾ | : | × | ✓ | *fx* | =B6*F6 | |
|---|---|---|---|---|---|---|---|
| ▲ | A | B | C | D | E | F | G |
| 1 | 客戶姓名 | 購買金額 | 發票稅 | 應付合計 | | 發票稅率 | |
| 2 | 杜宇軒 | 10,750 | 538 | 11,288 | | 5% | |
| 3 | 蘇柏翰 | 13,300 | 0 | 13,300 | | | |
| 4 | 沈雅慧 | 13,740 | 0 | 13,740 | | | |
| 5 | 崔雅雯 | 14,620 | 0 | 14,620 | | | |
| 6 | 任冠廷 | 11,040 | =B6*F6 | 11,040 | | | |
| 7 | | | | | | | |

**7** 在儲存格 C6 上雙按滑鼠左鍵，以顯示公式內容

**8** 公式不是參照發票稅的儲存格 F2，而是參照空白儲存格 F6

**9** 在儲存格 C2 上雙按滑鼠左鍵，然後拖曳公式內容的 F2

| AVERAGE | ▾ | : | × | ✓ | *fx* | =B2*F2 | |
|---|---|---|---|---|---|---|---|
| ▲ | A | B | C | D | E | F | G |
| 1 | 客戶姓名 | 購買金額 | 發票稅 | 應付合計 | | 發票稅率 | |
| 2 | 杜宇軒 | 10,750 | =B2*F2 | 11,288 | | 5% | |
| 3 | 蘇柏翰 | 13,300 | 0 | 13,300 | | | |
| 4 | 沈雅慧 | 13,740 | 0 | 13,740 | | | |
| 5 | 崔雅雯 | 14,620 | 0 | 14,620 | | | |
| 6 | 任冠廷 | 11,040 | 0 | 11,040 | | | |
| 7 | | | | | | | |

| AVERAGE | ▾ | : | × | ✓ | *fx* | =B2*$F$2 | |
|---|---|---|---|---|---|---|---|
| ▲ | A | B | C | D | E | F | G |
| 1 | 客戶姓名 | 購買金額 | 發票稅 | 應付合計 | | 發票稅率 | |
| 2 | 杜宇軒 | 10,750 | =B2*$F$2 | 11,288 | | 5% | |
| 3 | 蘇柏翰 | 13,300 | 0 | 13,300 | | | |
| 4 | 沈雅慧 | 13,740 | 0 | 13,740 | | | |
| 5 | 崔雅雯 | 14,620 | 0 | 14,620 | | | |
| 6 | 任冠廷 | 11,040 | 0 | 11,040 | | | |
| 7 | | | | | | | |

**11** 按下 Enter 鍵，確定公式的輸入

**10** 按一下 F4 鍵，變成「$F$2」後，儲存格會被固定

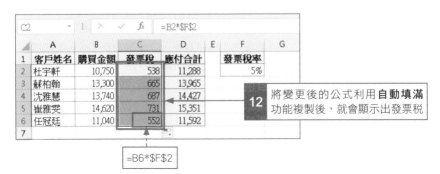

| C2 | ▾ | : | × | ✓ | *fx* | =B2*$F$2 | |
|---|---|---|---|---|---|---|---|
| ▲ | A | B | C | D | E | F | G |
| 1 | 客戶姓名 | 購買金額 | 發票稅 | 應付合計 | | 發票稅率 | |
| 2 | 杜宇軒 | 10,750 | 538 | 11,288 | | 5% | |
| 3 | 蘇柏翰 | 13,300 | 665 | 13,965 | | | |
| 4 | 沈雅慧 | 13,740 | 687 | 14,427 | | | |
| 5 | 崔雅雯 | 14,620 | 731 | 15,351 | | | |
| 6 | 任冠廷 | 11,040 | 552 | 11,592 | | | |
| 7 | | | | | | | |

**12** 將變更後的公式利用**自動填滿**功能複製後，就會顯示出發票稅

=B6*$F$2

## 3 複製只有欄為絕對參照的公式

在資料後方加上稱謂或單位。

**1** 選取儲存格 C9，輸入「=C3&B9」

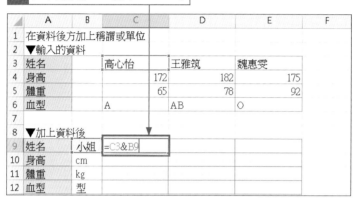

**2** 按下 Enter 鍵，確定公式的輸入後，拖曳**填滿控點**將公式往下複製

**3** 在儲存格範圍 [C9:C12] 被選擇的情況下，將**填滿控點**往右拖曳

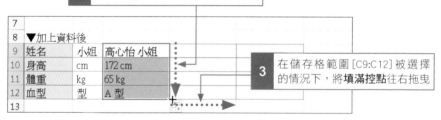

**4** 填入的資料不正確

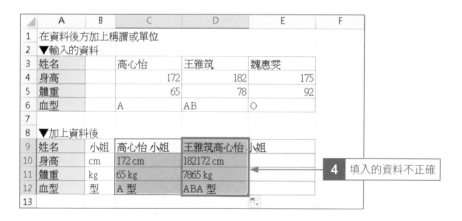

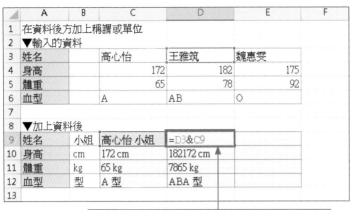

| ▲ | A | B | C | D | E | F |
|---|---|---|---|---|---|---|
| 1 | 在資料後方加上稱謂或單位 | | | | | |
| 2 | ▼輸入的資料 | | | | | |
| 3 | 姓名 | | 高心怡 | 王雅筑 | 魏惠雯 | |
| 4 | 身高 | | 172 | 182 | 175 | |
| 5 | 體重 | | 65 | 78 | 92 | |
| 6 | 血型 | | A | AB | O | |
| 7 | | | | | | |
| 8 | ▼加上資料後 | | | | | |
| 9 | 姓名 | 小姐 | 高心怡 小姐 | =D3&C9 | | |
| 10 | 身高 | cm | 172 cm | 182172 cm | | |
| 11 | 體重 | kg | 65 kg | 7865 kg | | |
| 12 | 血型 | 型 | A 型 | ABA 型 | | |
| 13 | | | | | | |

**5** 在儲存格 D9 上雙按滑鼠左鍵,公式並非參照稱謂的儲存格 B9,而是往右偏移一個欄位

**6** 在儲存格 C9 上雙按兩下滑鼠左鍵,拖曳選取公式內容的 B9

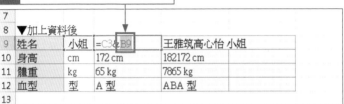

| | | | | | |
|---|---|---|---|---|---|
| 7 | | | | | |
| 8 | ▼加上資料後 | | | | |
| 9 | 姓名 | 小姐 | =C3&B9 | 王雅筑高心怡 小姐 | |
| 10 | 身高 | cm | 172 cm | 182172 cm | |
| 11 | 體重 | kg | 65 kg | 7865 kg | |
| 12 | 血型 | 型 | A 型 | ABA 型 | |
| 13 | | | | | |

**7** 按三下 F4 鍵,讓「B9」變成「$B9」,以固定欄

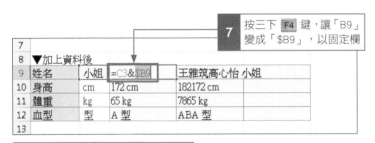

| | | | | | |
|---|---|---|---|---|---|
| 7 | | | | | |
| 8 | ▼加上資料後 | | | | |
| 9 | 姓名 | 小姐 | =C3&$B9 | 王雅筑高心怡 小姐 | |
| 10 | 身高 | cm | 172 cm | 182172 cm | |
| 11 | 體重 | kg | 65 kg | 7865 kg | |
| 12 | 血型 | 型 | A 型 | ABA 型 | |
| 13 | | | | | |

**8** 按下 Enter 鍵,確定公式的輸入

**9** 利用自動**填滿控點**將公式重新複製後,資料就能正確填入

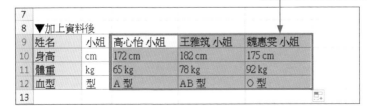

| | | | | | |
|---|---|---|---|---|---|
| 7 | | | | | |
| 8 | ▼加上資料後 | | | | |
| 9 | 姓名 | 小姐 | 高心怡 小姐 | 王雅筑 小姐 | 魏惠雯 小姐 |
| 10 | 身高 | cm | 172 cm | 182 cm | 175 cm |
| 11 | 體重 | kg | 65 kg | 78 kg | 92 kg |
| 12 | 血型 | 型 | A 型 | AB 型 | O 型 |
| 13 | | | | | |

## 4 複製只有列為絕對參照的公式

在資料後方加上稱謂或單位。

| | A | B | C | D | E |
|---|---|---|---|---|---|
| 1 | 在資料後方加上稱謂或單位 | | | | |
| 2 | ▼輸入的資料 | | | | |
| 3 | **姓名** | **身高** | **體重** | **血型** | |
| 4 | 高心怡 | 172 | 65 | A | |
| 5 | 王雅筑 | 182 | 78 | AB | |
| 6 | 魏惠雯 | 175 | 92 | O | |
| 7 | | | | | |
| 8 | ▼加上稱謂及單位後 | | | | |
| 9 | 小姐 | cm | kg | 型 | |
| 10 | **姓名** | **身高** | **體重** | **血型** | |
| 11 | =A4&A9 | | | | |
| 12 | | | | | |
| 13 | | | | | |

**1** 選取儲存格 [A11]，輸入「=A4&A9」

---

**2** 按下 Enter 鍵，確定公式的輸入

| | | | | |
|---|---|---|---|---|
| 8 | ▼加上稱謂及單位後 | | | |
| 9 | 小姐 | cm | kg | 型 |
| 10 | **姓名** | **身高** | **體重** | **血型** |
| 11 | 高心怡 小姐 | | | |
| 12 | 王雅筑 姓名 | | | |
| 13 | 魏惠雯 高心怡 小姐 | | | |
| 14 | | | | |

**3** 拖曳**填滿控點**將公式往下複製

**4** 填入的資料不正確

---

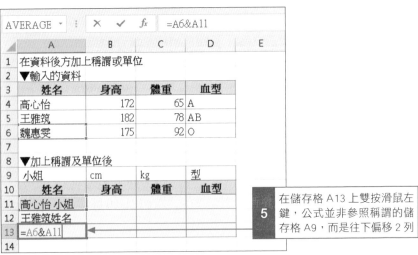

AVERAGE ▾ × ✓ *fx* =A6&A11

| | A | B | C | D | E |
|---|---|---|---|---|---|
| 1 | 在資料後方加上稱謂或單位 | | | | |
| 2 | ▼輸入的資料 | | | | |
| 3 | **姓名** | **身高** | **體重** | **血型** | |
| 4 | 高心怡 | 172 | 65 | A | |
| 5 | 王雅筑 | 182 | 78 | AB | |
| 6 | 魏惠雯 | 175 | 92 | O | |
| 7 | | | | | |
| 8 | ▼加上稱謂及單位後 | | | | |
| 9 | 小姐 | cm | kg | 型 | |
| 10 | **姓名** | **身高** | **體重** | **血型** | |
| 11 | 高心怡 小姐 | | | | |
| 12 | 王雅筑 姓名 | | | | |
| 13 | =A6&A11 | | | | |
| 14 | | | | | |

**5** 在儲存格 A13 上雙按滑鼠左鍵，公式並非參照稱謂的儲存格 A9，而是往下偏移 2 列

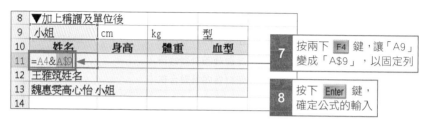

| 8 | ▼加上稱謂及單位後 | | | |
|---|---|---|---|---|
| 9 | 小姐 | cm | kg | 型 |
| 10 | 姓名 | 身高 | 體重 | 血型 |
| 11 | =A4&A9 | | | |
| 12 | 王雅筑姓名 | | | |
| 13 | 魏惠雯高心怡 小姐 | | | |
| 14 | | | | |

6　在儲存格 A11 上雙按滑鼠左鍵，拖曳公式內容的 A9

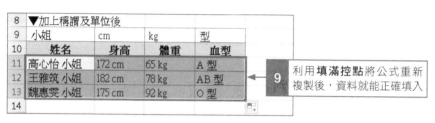

| 8 | ▼加上稱謂及單位後 | | | |
|---|---|---|---|---|
| 9 | 小姐 | cm | kg | 型 |
| 10 | 姓名 | 身高 | 體重 | 血型 |
| 11 | =A4&A$9 | | | |
| 12 | 王雅筑姓名 | | | |
| 13 | 魏惠雯高心怡 小姐 | | | |
| 14 | | | | |

7　按兩下 F4 鍵，讓「A9」變成「A$9」，以固定列

8　按下 Enter 鍵，確定公式的輸入

| 8 | ▼加上稱謂及單位後 | | | |
|---|---|---|---|---|
| 9 | 小姐 | cm | kg | 型 |
| 10 | 姓名 | 身高 | 體重 | 血型 |
| 11 | 高心怡 小姐 | 172 cm | 65 kg | A 型 |
| 12 | 王雅筑 小姐 | 182 cm | 78 kg | AB 型 |
| 13 | 魏惠雯 小姐 | 175 cm | 92 kg | ○ 型 |
| 14 | | | | |

9　利用**填滿控點**將公式重新複製後，資料就能正確填入

---

**Memo**

**切換參照方式**

想要將儲存格的相對參照切換成絕對參照或混合參照時，先將輸入游標移動到公式中的儲存格編號上，再按下 F4 鍵。按四下 F4 鍵後，會回到相對參照。

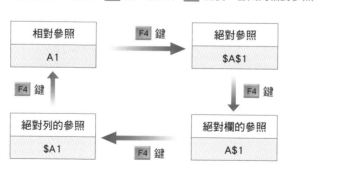

# 利用「名稱」輸入函數

在函數中可以使用儲存格或儲存格範圍的名稱。例如將輸入得分的儲存格範圍定義成「得分」後，在函數的引數中，「得分」可以取代儲存格範圍。

## 1 定義儲存格或儲存格範圍的名稱

定義儲存格範圍 [E3:E22] 的名稱為「希望面談」。

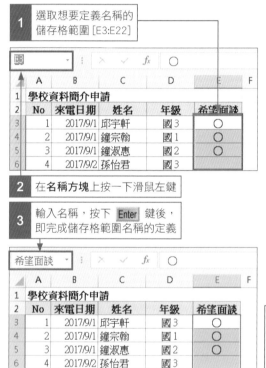

**1** 選取想要定義名稱的儲存格範圍 [E3:E22]

**2** 在**名稱方塊**上按一下滑鼠左鍵

**3** 輸入名稱，按下 Enter 鍵後，即完成儲存格範圍名稱的定義

命名的規定

在定義儲存格或儲存格範圍名稱時，有以下五點規定。

1. 不可以與儲存格編號相同，例如「A1」等。
2. 名稱間不可有空白。
3. 想要以數字為開頭時，在名稱的第一個字元需先輸入「_（下底線）」。
4. 不 可 以「C」、「c」、「R」、「r」的其中單一字元命名。
5. 名稱最長為 255 個半形字元長度。

請自行選取 B3：B22 儲 存 格 範圍，並定義名稱為「來電日期」

**Memo**

不要讓輸入游標在「名稱方塊」中顯示

在步驟 **3** 中，若以中文等全形文字定義名稱時，在確定輸入文字所按下 Enter 鍵後，要再按一下 Enter 鍵以確定定義的名稱。當輸入游標顯示在**名稱方塊**中，則表示名稱尚未被設定。

## **2** 在函數的引數中使用名稱

利用名稱計算出詢問人數及希望面談人數。

**1** 選取儲存格 H2，輸入「=counta( 來電日期 )」後，按下 Enter 鍵

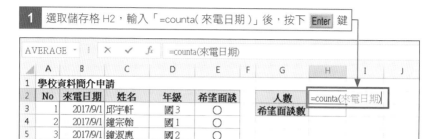

**2** 求得來電的詢問人數

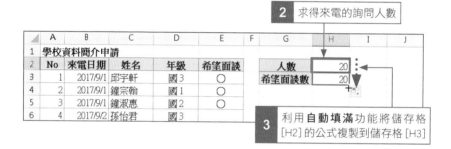

**3** 利用**自動填滿**功能將儲存格 [H2] 的公式複製到儲存格 [H3]

**4** 在儲存格 [H3] 上雙按滑鼠左鍵，將引數名稱變更成「希望面談」後，按下 Enter 鍵

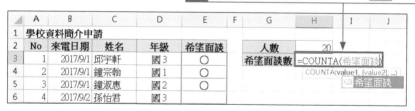

**5** 求得的希望面談人數

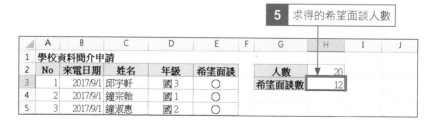

# 09 在「引數」中使用函數

可以在函數的引數中再插入其他函數。要在引數中使用其他函數時，可以利用交談窗或以直接輸入方式來完成。

■ **巢狀函數**

在引數中使用函數時，此公式會被稱為巢狀函數。

=INT(IF(C3>=$H$2,C3*$H$3,C3)*(1+$H$4))

在 INT 函數的引數中輸入 IF 函數及計算式

## 1 從交談窗設定巢狀函數

利用 INT 函數求得捨去小數位數的請款金額。

1 選取要輸入函數的儲存格 D3　　2 按下**插入函數**鈕

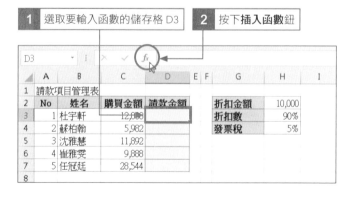

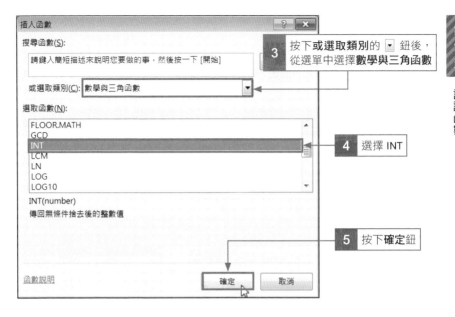

3 按下**或選取類別**的 ▾ 鈕後，從選單中選擇**數學與三角函數**

4 選擇 INT

5 按下**確定**鈕

6 會開啟 INT 函數的**函數引數**交談窗

---

**Memo**

利用交談窗輸入巢狀函數的操作順序

利用交談窗輸入巢狀函數時，要先指定第 1 層的函數。接著在第 1 層的**函數引數**交談窗中，將輸入游標插入引數欄位，然後指定第 2 層函數。最後，回到第 1 層，完成其他引數或公式的設定後，確定函數的輸入。若要輸入 3 層以上的巢狀函數時，也是利用相同的方式。從指定第 1 層的函數開始，接著依序指定第 2 層及第 3 層的函數後，再回到第 2 層及第 1 層。最後，在第 1 層的**函數引數**交談窗中，按下**確定**鈕，完成巢狀函數的輸入。

## 2 從函數的引數中指定巢狀函數

在 INT 函數的 **Number** 欄中插入 IF 函數。

**2** 按下**名稱方塊**的 ▼ 鈕

**1** 在 Number 欄中按一下

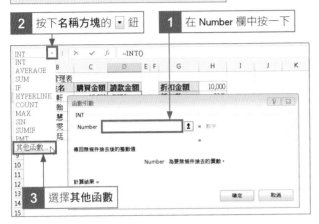

**3** 選擇**其他函數**

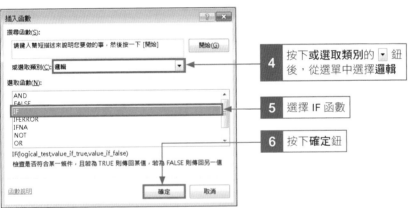

**4** 按下**或選取類別**的 ▼ 鈕後，從選單中選擇**邏輯**

**5** 選擇 IF 函數

**6** 按下**確定**鈕

**7** IF 函數會自動輸入到 INT 函數後，在 IF 函數的「()」中間按一下滑鼠左鍵

**9** 按下 Logical_test 的**摺疊**鈕

**8** 開啟 IF 函數的**函數引數**交談窗

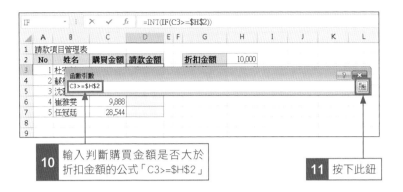

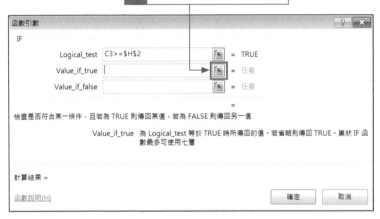

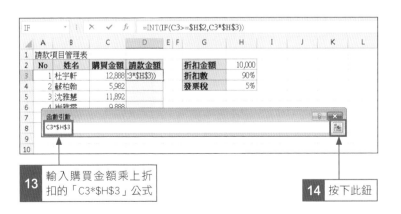

10 輸入判斷購買金額是否大於折扣金額的公式「C3>=$H$2」

11 按下此鈕

12 按下 Value_if_true 的摺疊鈕

13 輸入購買金額乘上折扣的「C3*$H$3」公式

14 按下此鈕

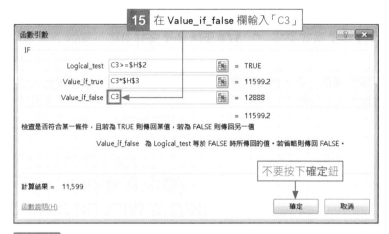

15 在 Value_if_false 欄輸入「C3」

不要按下確定鈕

## 3 回到最初函數以指定引數

回到 INT 函數後，輸入引數，確定函數的輸入。

| 1 | 在**資料編輯列**的 INT 上按一下滑鼠左鍵 | 2 | 回到 INT 函數的**函數引數**交談窗後 |

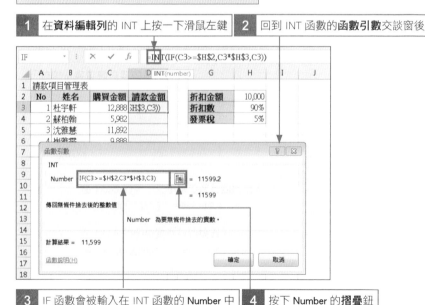

| 3 | IF 函數會被輸入在 INT 函數的 Number 中 | 4 | 按下 Number 的**摺疊**鈕 |

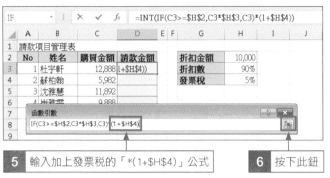

| 5 | 輸入加上發票稅的「*(1+$H$4)」公式 |

| 6 | 按下此鈕 |

| 7 | 按下**確定**鈕 |

| 8 | 顯示計算後的結果 |

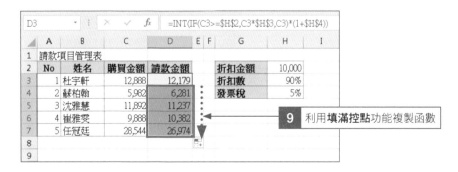

| 9 | 利用**填滿控點**功能複製函數 |

## **4** 從鍵盤輸入巢狀函數

在其他儲存格中輸入 IF 函數。

**1** 在儲存格 [D3] 中輸入 IF 函數，以判斷是否可享有折扣，並顯示判斷後的金額

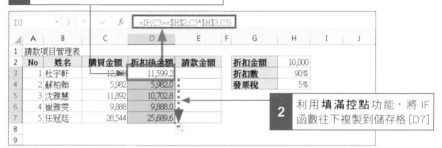

**2** 利用**填滿控點**功能，將 IF 函數往下複製到儲存格 [D7]

將判斷是否享有折扣的金額加上發票稅後，利用INT函數捨去小數位數。

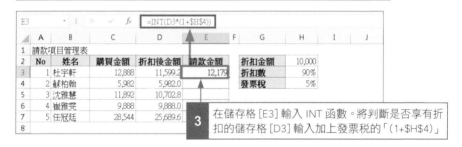

**3** 在儲存格 [E3] 輸入 INT 函數。將判斷是否享有折扣的儲存格 [D3] 輸入加上發票稅的「(1+$H$4)」

將 INT 函數參照的儲存格 [D3]，變更成輸入在儲存格 [D3] 的公式內容。

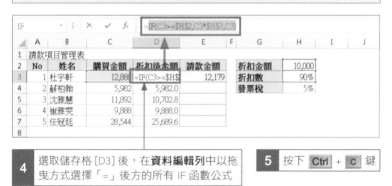

**4** 選取儲存格 [D3] 後，在**資料編輯列**中以拖曳式選擇「=」後方的所有 IF 函數公式

**5** 按下 Ctrl + C 鍵

**6** 按下 Esc 鍵，取消選擇範圍後，按下 Enter 鍵，再次確定函數的輸入

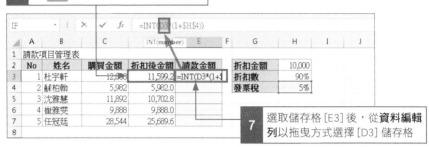

**7** 選取儲存格 [E3] 後，從**資料編輯列**以拖曳方式選擇 [D3] 儲存格

**8** 按下 Ctrl + V 鍵，貼上複製的函數　　**9** [D3] 被 IF 函數取代

**10** 按下 Enter 鍵，確定輸入的函數

**11** 將巢狀函數以拖曳**填滿控點**的方式，將公式往下複製到儲存格 [E7]

# 10 修正錯誤

在儲存格中輸入公式或函數後，若出現錯誤時，錯誤值會依照錯誤的原因顯示。這裡將針對 8 種錯誤的類型，說明錯誤原因及修正方法。

## 1 修正 [#####] 錯誤值

調整欄寬，以解除錯誤。

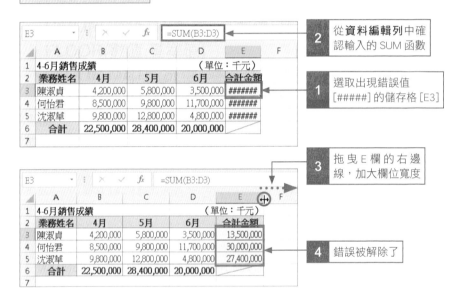

2 從**資料編輯列**中確認輸入的 SUM 函數

1 選取出現錯誤值 [#####] 的儲存格 [E3]

3 拖曳 E 欄的右邊線，加大欄位寬度

4 錯誤被解除了

修正時間，以解除錯誤。

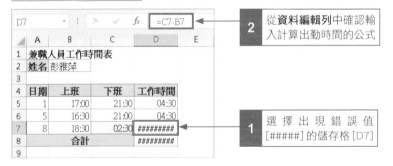

2 從**資料編輯列**中確認輸入計算出勤時間的公式

1 選擇出現錯誤值 [#####] 的儲存格 [D7]

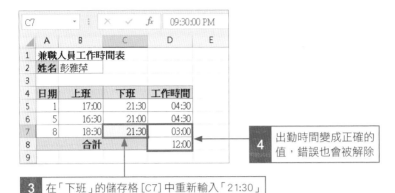

**3** 在「下班」的儲存格 [C7] 中重新輸入「21:30」

**4** 出勤時間變成正確的值，錯誤也會被解除

## 2 修正 [#VALUE!] 錯誤值

修正輸入值，以解除錯誤。

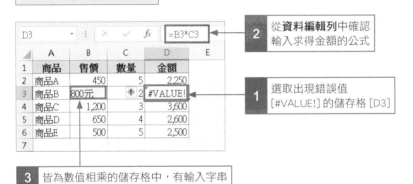

**2** 從**資料編輯**中確認輸入求得金額的公式

**1** 選取出現錯誤值 [#VALUE!] 的儲存格 [D3]

**3** 皆為數值相乘的儲存格中，有輸入字串

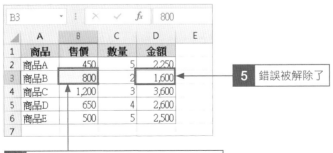

**5** 錯誤被解除了

**4** 將儲存格 [B3] 的內容修正成只有數值後

## 3 修正 [#NAME?] 錯誤值

修正函數名稱，以解除錯誤。

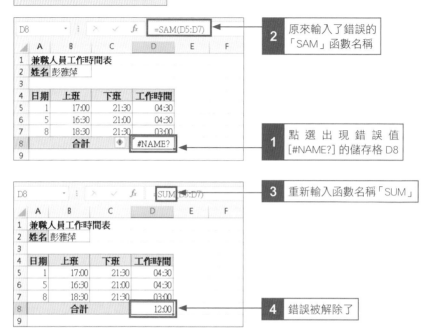

**2** 原來輸入了錯誤的「SAM」函數名稱

**1** 點選出現錯誤值 [#NAME?] 的儲存格 D8

**3** 重新輸入函數名稱「SUM」

**4** 錯誤被解除了

## 4 修正 [#DIV/0!] 錯誤值

修正公式，以解除錯誤。

**2** 確認輸入的除法算式

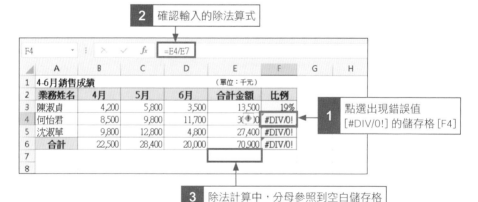

**1** 點選出現錯誤值 [#DIV/0!] 的儲存格 [F4]

**3** 除法計算中，分母參照到空白儲存格

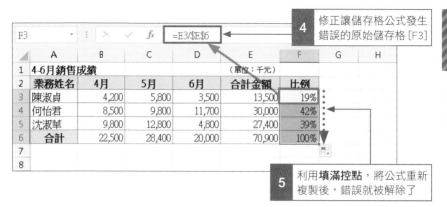

**4** 修正讓儲存格公式發生錯誤的原始儲存格 [F3]

**5** 利用**填滿控點**，將公式重新複製後，錯誤就被解除了

## 5 修正 [#N/A] 錯誤值

修正輸入值，以解除錯誤。

**2** 確認 VLOOKUP 函數 (6-2 頁 ) 的輸入是否正確

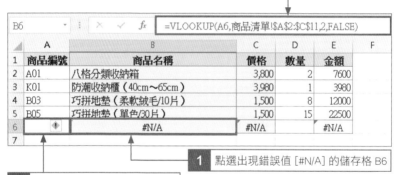

**1** 點選出現錯誤值 [#N/A] 的儲存格 B6

**3** VLOOKUP 函數 [Lookup_value] 的參照儲存格為空白

**4** 在儲存格 [A6] 輸入查閱值 ( 這裡為**商品清單**工作表中有的商品編號「A02」)

**5** 錯誤被解除了

## 6 修正 [#REF!] 錯誤值

回復原來的操作，以解除錯誤。

**1** 利用 LEFT 函數（8-12 頁），從地址欄位中取出指定文字數的字串

**2** 將 C 欄刪除

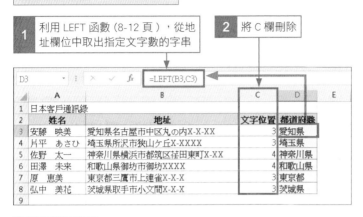

D3　　　fx　=LEFT(B3,C3)

| | A | B | C | D | E |
|---|---|---|---|---|---|
| 1 | 日本客戶通訊錄 | | | | |
| 2 | 姓名 | 地址 | 文字位置 | 都道府縣 | |
| 3 | 安藤　映美 | 愛知県名古屋市中区丸の内X-X-XX | 3 | 愛知県 | |
| 4 | 片平　あさひ | 埼玉県所沢市狭山ケ丘X-XXXX | 3 | 埼玉県 | |
| 5 | 佐野　太一 | 神奈川県横浜市都筑区荏田東町X-XX | 4 | 神奈川県 | |
| 6 | 田澤　未来 | 和歌山県御坊市御坊XXXX | 4 | 和歌山県 | |
| 7 | 原　恵美 | 東京都三鷹市上連雀X-X-X | 3 | 東京都 | |
| 8 | 弘中　美花 | 茨城県取手市小文間X-X-X | 3 | 茨城県 | |
| 9 | | | | | |

**4** 按下**復原**鈕

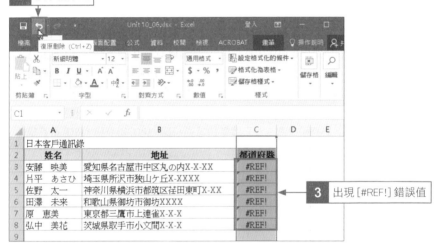

**3** 出現 [#REF!] 錯誤值

**5** 錯誤被解除了

1-40

## 7 修正 [#NUM!] 錯誤值

修正成有效值，以解除錯誤。

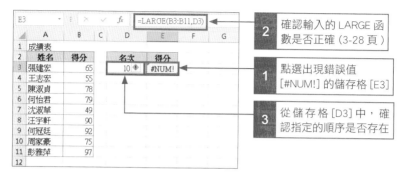

2 確認輸入的 LARGE 函數是否正確（3-28 頁）

1 點選出現錯誤值 [#NUM!] 的儲存格 [E3]

3 從儲存格 [D3] 中，確認指定的順序是否存在

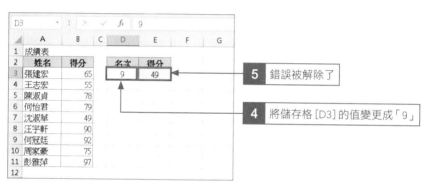

5 錯誤被解除了

4 將儲存格 [D3] 的值變更成「9」

## 8 修正 [#NULL!] 錯誤值

輸入指定儲存格範圍的「:（冒號）」。

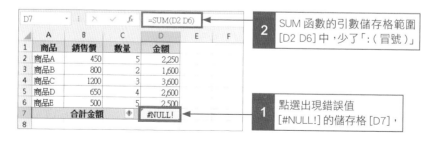

2 SUM 函數的引數儲存格範圍 [D2 D6] 中，少了「:（冒號）」

1 點選出現錯誤值 [#NULL!] 的儲存格 [D7]，

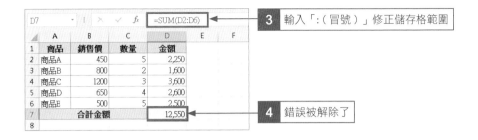

**3** 輸入「:（冒號）」修正儲存格範圍

**4** 錯誤被解除了

## 9 利用「錯誤檢查選項」鈕

顯示計算步驟。

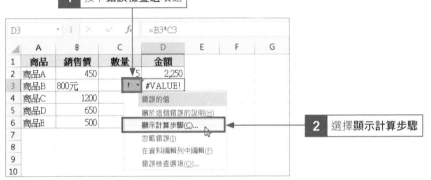

**1** 按下**錯誤檢查選項**鈕

**2** 選擇**顯示計算步驟**

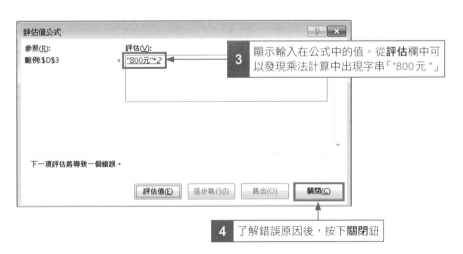

**3** 顯示輸入在公式中的值。從**評估**欄中可以發現乘法計算中出現字串「"800元"」

**4** 了解錯誤原因後，按下**關閉**鈕

第 **2** 章

# 執行計算

# 數值的合計

要求得數值的合計時，可以利用 SUM 函數來完成。例如費用合計、銷售合計、購買金額合計等。SUM 函數可以求得累計或參照不同工作表後的合計數值。

| 格式 | 分類 | 數學與三角函數 | | 2007 2010 2013 2016 |
|---|---|---|---|---|
| | **SUM(數值1,[數值2]...)** | | | |

### 引數

[數值] 指定數值、輸入數值的儲存格或儲存格範圍。儲存格範圍中所包含的空白儲存格、文字或邏輯值會被忽略。

### 範例1 加總計算      SUM

計算「水電瓦斯費」及「通信費」小計的合計。

**=SUM(C6,C11)**
❶ ❷

❶ 將「水電瓦斯費」小計的儲存格 [C6] 指定成「數值 1」

❷ 將「通信費」小計的儲存格 [C11] 指定成「數值 2」

**範例 2** 求得銷售累計　　　　　　　　　　　　　　　　　　SUM

將各部門的銷售額及銷售比例，以累加的方式計算。

=SUM($B$3:B3)
❶

=SUM($C$3:C3)
❷

❶ 為求得累計結果，將儲存格範圍 [$B$3:B3] 指定成 [ 數值 1]，這樣一來拖曳**填滿控點**往下複製公式後，儲存格範圍的起始儲存格會被固定，然後 1 列 1 列的向下累加，儲存格範圍也會逐漸擴大

❷ 與銷售額相同，將儲存格範圍指定成 [$C$3:C3] 後，拖曳**填滿控點**往下複製公式，儲存格範圍才會 1 列 1 列的漸漸擴大

**範例 3** 求得平均市場價格　　　　　　　　　　　　　　　　SUM

求得每股的平均市場價格。

=SUM(B3:B8)/SUM(C3:C8)
　❶　　　　　❷

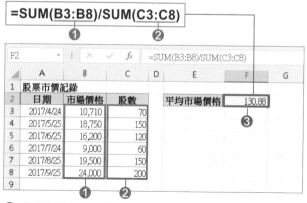

❶ 求得市場價格的儲存格範圍 [B3:B8] 的合計

❷ 求得股數的儲存格範圍 [C3:C8] 的合計

❸ 利用❶❷將合計的市場價格除以合計的股數，即可求得每股的平均市價

## 範例 4 從不同工作表中求得相同儲存格的合計  `SUM`

將不同工作表中的相同儲存格數值合計，以求得三家門市銷售合計。

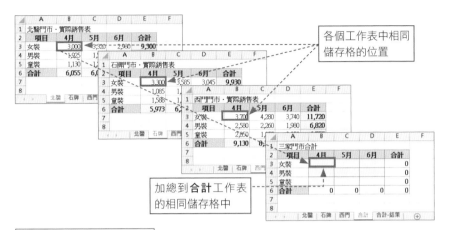

各個工作表中相同儲存格的位置

加總到**合計**工作表的相同儲存格中

## =SUM(北醫:西門!B3)

❶

❶ 從**北醫**工作表開始到**西門**工作表為止的儲存格 [B3] 指定成「數值」

執行串連計算。

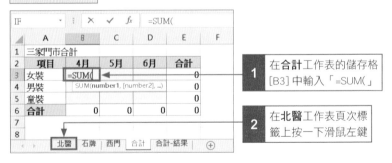

| 1 | 在**合計**工作表的儲存格 [B3] 中輸入「=SUM(」 |
| 2 | 在**北醫**工作表頁次標籤上按一下滑鼠左鍵 |

3 在**北醫**工作表的儲存格 B3 上按一下
滑鼠左鍵（與**合計**工作表相同儲存格）

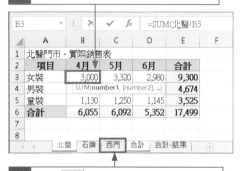

4 按住 Shift 鍵的同時，在最後一個**西門**
工作表的標籤名稱上按一下滑鼠左鍵

6 確認「引數」的內容後，輸入「）」
（結束括號）並按下 Enter 鍵

5 從開始到結束間的
工作表都會被選取

7 **合計**工作表的儲存格
[B3] 會顯示合計的結果

8 拖曳**填滿控點**，將公式
往下複製到儲存格 [D5]

---

**Memo**

串連計算的工作表必需相鄰
並排顯示

計算不同工作表相同儲存格的合
計時，若工作表不連續並排顯
示，就無法計算（例如：**北醫**工
作表和**西門**工作表）。不連續的
工作表，無法將相同儲存格的數
值串連在一起計算，因此需事先
將工作表相鄰並排顯示。

---

**Memo**

串連計算的表格結構

利用上述的方法執行計算時，其條件為在每個工作表中都要有相同的表格格式，
表格的標題及標題順序也都要相同。例如，**北醫**工作表的儲存格 [B3] 為「4 月份
女裝」的銷售成績，但若**石牌**工作表的儲存格 [B3] 為「4 月份男裝」的銷售成績，
計算結果就會變得沒有意義。

# 12 符合條件的數值合計

SUMIF 函數可以只合計表格中符合條件的數值。例如，只將符合關鍵字的數值合計，或將符合大於（小於）指定數值的數值合計。

| 格式 | 分類 | 數學與三角函數 | 2007 2010 2013 2016 |
|------|------|----------------|---------------------|

## SUMIF(範圍,搜尋條件,[合計範圍])

### 引數

[範圍]　　　　指定 [ 搜尋條件 ] 中指定條件所要搜尋的儲存格範圍或取代儲存格範圍的名稱。

[搜尋條件]　　指定合計對象中所要尋找條件。除了數值外，若要直接在引數中指定條件時，條件內容的前後用要用「"（雙引號）」框住。

[合計範圍]　　指定合計對象的儲存格範圍或名稱。省略的話，會將符合 [ 搜尋條件 ] 的 [ 範圍 ] 數值進行加總。

### ✏ Memo

「範圍」與「合計範圍」

**範圍**與**合計範圍**的儲存格分別為 1 對 1 的方式對應。但若 [ 範圍 ] 與 [ 合計範圍 ] 無法相互對應時，也不會出現錯誤。因為不會顯示錯誤，所以即使是錯誤的合計就不易被發現，因此在指定儲存格範圍時，一定要小心。

### ■ SUMIF 函數的範例

合計內容
將「備註」中出現「○」的金額合計。

範例
=SUMIF( 備註 ,"○ ", 金額 ) ➡ 800

| 金額 | 備註 |
|------|------|
| 500 | ○ |
| 1,500 | |
| 300 | ○ |

合計對象 →

## 範例 1　分別求得各項目的合計　　`SUMIF`

依各項目計算出費用的合計。

**=SUMIF($B$2:$B$69,G2,$E$2:$E$69)**
　　　　　　　❶　　　　❷　　　　❸

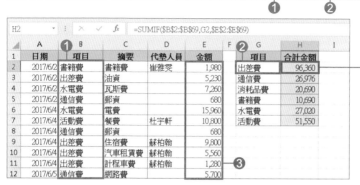

❶ 條件的 [ 出差費 ] 要在 [ 項目 ] 欄中搜尋，所以要將 [ 項目 ] 欄的儲存格範圍 [B2:B69 ] 指定成 [ 範圍 ]

❷ 將輸入條件的儲存格 [G2] 指定成 [ 搜尋條件 ]

❸ 將要求得合計的**金額**儲存格範圍 [E2:E69] 指定成 [ 合計範圍 ]。利用絕對參照 將❶和❸的儲存格範圍固定後，再拖曳**填滿控點**複製公式，以求得其他項目的 合計金額

---

### ✏ Memo

**當 SUMIF 函數省略 [合計範圍] 時**

使用 SUMIF 函數時，當條件搜尋的範圍與合計的範圍相同的話，可以省略 [ 合計 範圍 ] 的設定，但此情況只適用於範圍剛好相同時，不必特意去省略此引數的設定 ( 儲存格 [H3]) 。在一般的情況下，使用 SUMIF 函數時，都會指定條件、條件搜尋 範圍及合計範圍等 3 個引數，指定 3 個引數，也能讓公式看起來更清楚易懂。

**=SUMIF(E2:E69,G3)**　　**=SUMIF(E2:E69, G3,E2:E69)**

| | A | B | C | D | E | F | G | H | I | J |
|---|---|---|---|---|---|---|---|---|---|---|
| H2 | | | fx | =SUMIF(E2:E69,G3) | | | | | | |
| 1 | 日期 | 項目 | 摘要 | 代墊人員 | 金額 | | 金額 | 合計金額 | | |
| 2 | 2017/6/2 | 書籍費 | 書籍費 | 崔雅雯 | 1,980 | | <10000 | 156,076 | 省略合計範圍 | |
| 3 | 2017/6/2 | 出差費 | 油資 | | 5,230 | | <10000 | 156,076 | 不省略合計範圍 | |
| 4 | 2017/6/2 | 水電費 | 瓦斯費 | | 7,260 | | | | | |
| 5 | 2017/6/2 | 通信費 | 郵資 | | 680 | | | | | |
| 6 | 2017/6/4 | 水電費 | 電費 | | 15,960 | | | | | |
| 7 | 2017/6/4 | 活動費 | 餐費 | 杜宇軒 | 10,800 | | 條件的搜尋範圍 | | | |
| 8 | 2017/6/4 | 通信費 | 郵資 | | 680 | | 與合計範圍相同 | | | |
| 9 | 2017/6/4 | 出差費 | 住宿費 | 蘇柏翰 | 9,800 | | | | | |
| 10 | 2017/6/4 | 出差費 | 汽車租賃費 | 蘇柏翰 | 5,560 | | | | | |

求得指定日期以前的費用合計，以累計方式顯示每星期的費用。

=SUMIF($A$2:$A$69,G2,$E$2:$E$69)
　　　　　❶　　　　❷　　　❸

❶ 將條件所要搜尋的日期儲存格範圍 [A2:A69]，以絕對參照方式指定成 [ 範圍 ]

❷ 將輸入指定日期以前的比較運算式 [G2] 指定成 [ 搜尋條件 ]

❸ 將要求得合計的金額儲存格範圍 [E2:E69]，以絕對參照指定成 [ 合計範圍 ]

直接在引數中指定比較運算式，以計算出到指定日期為止的費用合計。

=SUMIF($A$2:$A$69,"<="&G2,$E$2:$E$69)
　　　　　　　　　　❶

❶ 將「"<="&G2」指定成 [ 搜尋條件 ]，合計條件會變成 2017/6/7 以前的日期

**範例 3** 求得與部分數值相同的銷售合計　　SUMIF

只利用以數值構成的商品 ID 之部分內容，計算出銷售數量的合計。

=SUMIF($B$3:$B$32,E3&"*",$C$3:$C$32)

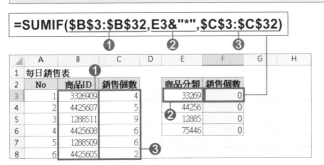

❶ 當商品 ID 的前 5 碼為代表商品分類的代碼時，將商品 ID 前 5 碼「33269」數值在「商品 ID」中搜尋。另外，將商品 ID 的儲存格範圍 [B3:B32] 指定成 [ 範圍 ]

❷ 將「E3&"*"」指定成 [ 搜尋條件 ]。「"*"」為萬用字元，因此 [ 搜尋條件 ] 會搜尋「以 33269 為開頭的字串」

❸ 將銷售個數的儲存格範圍 [C3:C32] 指定成 [ 合計範圍 ]

　在這個表格中，因為在數值儲存格範圍裡搜尋字串內容，所以無法計算出銷售個數的合計

=TEXT(B3,0)　=SUMIF($C$3:$C$32,F3&"*",$D$3:$D$32)

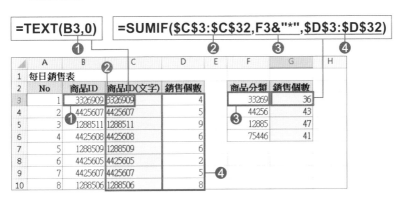

❶ 將輸入商品 ID 數值的儲存格 [B3]，利用 TEXT 函數轉換成字串

❷ 將轉換成字串的商品 ID 儲存格範圍 [C3:C32]，以絕對參照指定成 SUMIF 函數的 [ 範圍 ]

❸ 將「F3&"*"」指定成 [ 搜尋條件 ] 後，會搜尋「以 33269 為開頭的字串」

❹ 將銷售個數的儲存格範圍 [D3:D32]，以絕對參照指定成 [ 合計範圍 ]

　在這個表格中，文字列的搜尋條件會搜尋已經轉換成字串的商品 ID，所以可以算出銷售個數的合計

# 13 合計符合所有條件的數值

只要加總滿足所有條件的數值時，可以利用 SUMIFS 函數來完成。SUMIFS 函數可以從 List 樣式的清單中，製作出任意項目的統計表。

**格式**

| 分類 | 數學與三角函數 | 2007 2010 2013 2016 |
|---|---|---|

## SUMIFS(合計範圍,條件範圍1,條件1,[條件範圍2,條件2]...)

**引數**

[合計範圍]　　　指定合計對象的儲存格範圍或名稱。

[條件範圍]　　　指定在 [ 條件 ] 中的條件所要搜尋的儲存格範圍或名稱。

[條件]　　　　　指定合計對象所要尋找的條件。條件可以是數值、字串、比較運算式、萬用字元或指定已輸入條件的儲存格。除了數值外，若要直接在引數中指定條件時，條件內容的前後用要用「"（雙引號）」框住。

---

**範例1** 求得指定範圍的合計　　　　　　　　　　　　　　SUMIFS

將前 5 碼為商品分類，後 2 碼為商品 ID，依分類來區分，計算出銷售個數的合計。

**=SUMIFS($C$3:$C$32,$B$3:$B$32,">="&E3,$B$3:$B$32,"<="&F3)**
❶　　　　　　❷　　　　　❸　　　　❹　　　　❺

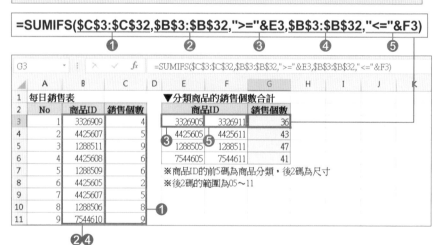

❶ 將要求得合計的**銷售個數**儲存格範圍 [C3:C32]，以絕對參照指定成 [ 合計範圍 ]

❷ ❸ 指定**商品** ID 的儲存格範圍 [B3:B32] 為 [ 條件範圍 1]、「 ">="&E3 」為 [ 條件 1]，就能將條件設成「商品 ID 在 3326905 以上」

❹ ❺ 指定**商品** ID 的儲存格範圍 [B3:B32] 為 [ 條件範圍 2]、「 "<="&F3 」為 [ 條件 2]，就能將條件設成「商品 ID 在 3326911 以下」。利用絕對參照將**商品** ID 的儲存格範圍 [B3:B32] 及**銷售個數**的儲存格範圍 [C3:C32] 固定後，再拖曳**填滿控點**複製公式

---

**範例 2　以員工來區分計算出差費的合計**　　SUMIFS

依員工來區分，計算出差費中各分類的費用合計。

**=SUMIFS($E$2:$E$69,$C$2:$C$69,H$2,$D$2:$D$69,$G3)**
　　　　　　❶　　　　　❷　　　　❸　　　　❹　　　　❺

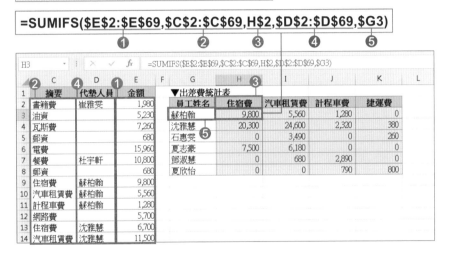

❶ 將**金額**的儲存格範圍 [E2:E69]，以絕對參照指定成 [ 合計範圍 ]

❷ ❸ **住宿費**等分類項目要在**摘要**中搜尋。指定**摘要**的儲存格範圍 [C2:C69] 為 [ 條件範圍 1]、**住宿費**的儲存格 [H2] 為 [ 條件 1]。將**摘要**設定成絕對參照，表格的橫向欄位**住宿費**設定成絕對列的混合參照後，再拖曳**填滿控點**複製公式

❹ ❺「蘇柏翰」等員工姓名在**代墊人員**中搜尋。指定**代墊人員**的儲存格範圍 [D2:D69] 為 [ 條件範圍 2]、「蘇柏翰」的儲存格 [G3] 為 [ 條件 2]。將**代墊人員**設定成絕對參照，表格的縱向欄位「蘇柏翰」設定成絕對欄的混合參照後，再拖曳**填滿控點**複製公式

# 14 多項條件的數值合計

多項條件是指「符合所有條件」、「符合其中一項條件」「條件 A 且條件 B、條件 C 且條件 D」等。想將符合各種條件的數值加總時，可以使用 DSUM 函數。

| 格式 | 分類 | 數學與三角函數 | 2007 2010 2013 2016 |
|------|------|------|------|

## DSUM(資料庫,資料欄位,條件)

### 引數

[資料庫] 指定包含表格標題名稱一覽表的儲存格範圍。若一覽表的儲存格範圍有被定義名稱時，也可以使用名稱來指定。

[資料欄位] 指定要計算合計的欄位標題名稱儲存格。

[條件] 製作一個與 [ 資料庫 ] 一覽表中有相同欄位標題名稱的條件表格，然後在表格內輸入條件。將條件表格的儲存格範圍指定成引數。條件可以是數值、公式、字串、比較運算式、萬用字元。

### ■ 條件表格

條件表格的欄位標題名稱是利用與一覽表中相同的欄位標題名稱，並在欄位名稱下方輸入條件。在同列中輸入多個條件時，必需滿足所有條件的數值才會被相加（AND 條件）。條件輸入在不同列時，只要滿足其中一個條件，數值就會被當成相加的對象（OR 條件）。

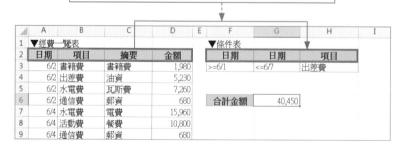

設定成相同的欄位標題名稱，必要時標題名稱可以重複使用。不設定條件時，則可以省略欄位標題名稱

## 範例1 合計符合條件的加班時數 DSUM

從問卷結果中，合計出「拜訪客戶」的加班時數。

=DSUM(**A2:E172**,**B2**,**G2:H3**)
**①** **②** **③**

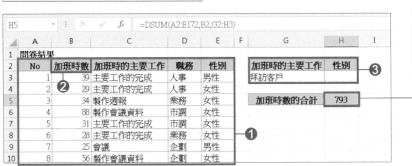

❶ 將問卷結果的儲存格範圍 [A2:E172] 指定成 [ 資料庫 ]

❷ 將要計算**加班時數**的儲存格 [B2] 指定成 [ 資料欄位 ]

❸ 將儲存格 [G2:H3] 指定成 [ 條件 ]。在儲存格 [G3] 輸入「拜訪客戶」後，就能合計出**加班時的主要工作**中**拜訪客戶**的時數

從問卷結果中，只合計出男性的「拜訪客戶」加班時數。

=DSUM(**A2:E172**,**B2**,**G2:H3**)
**①**

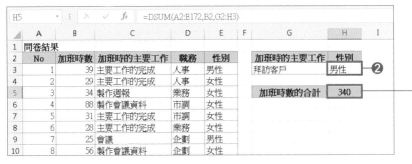

❶ 沒有變更函數中任何引數的設定

❷ 在儲存格 [H3] 中輸入「男性」，即可新增「性別」條件的設定

---

**♪ Memo**

條件表中空白儲存格的意義

範例1 的上圖中，「性別」條件欄位為空白儲存格時，表示「沒有設定性別條件」。
另外，在條件表中沒有出現的 **No**、**職務**，也無法設定其條件。

**範例2** 從兩個條件中求得符合任一個條件的合計　　DSUM

計算**加班時的主要工作**為「主要工作的完成」或「製作週報」的加班時數。

=DSUM(A2:E172,B2,G2:H4)
　　　　　❶　　　❷　　❸

❶ 將問卷結果的儲存格範圍 [A2:E172] 指定成 [ 資料庫 ]

❷ 將要計算**加班時數**的儲存格 [B2] 指定成 [ 資料欄位 ]

❸ 將儲存格 [G2:H4] 指定成 [ 條件 ]。在儲存格 [G3] 輸入「主要工作的完成」，在儲存格 [G4] 輸入「製作週報」

從問卷結果中，合計出女性的「主要工作的完成」或「製作週報」的加班時數。

=DSUM(A2:E172,B2,G2:H4)
　　　　　❶

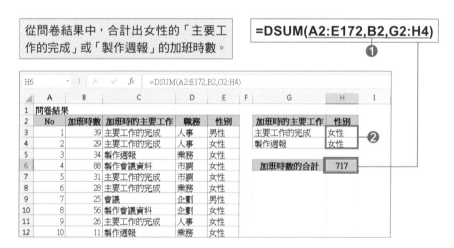

❶ 沒有變更函數中任何引數的設定

❷ 在儲存格 [H3] 和 [H4] 中輸入「女性」，就能新增「性別」條件的設定

資料庫函數

DSUM 函數被歸類在「資料庫」函數類型中。在資料庫函數中，對於合計內容提供了下面幾個使用方法與 DSUM 函數相同的函數。若能靈活運用 DSUM 函數的話，下面的函數也能用相同方法來套用。

| 資料庫函數 | 合計內容 |
| --- | --- |
| DSUM | 符合條件的合計值（本單元的介紹） |
| DAVERAGE | 符合條件的平均值（3-16 頁） |
| DCOUNT | 符合條件的數值個數 |
| DCOUNTA | 符合條件的資料個數（3-8 頁） |
| DMAX/DMIN | 符合條件的最大值／最小值（請參照下圖） |
| DVAR/DVARP | 符合條件的變異數 |
| DSTDEV/DSTDEVP | 符合條件的標準差 |
| DPRODUCT | 符合條件的數值相乘 |
| DGET | 符合條件的唯一值 |

以下是利用與 範例1 相同的資料庫，然後將 DSUM 函數變更成 DMIN 函數。

**=DMIN(A2:E172,B2,G2:H3)**
①

① 與 範例1 相同的條件下，函數名稱從「DSUM」變更成「DMIN」。函數變更後，可以從**加班時的主要工作**中求得拜訪客戶中最短的加班時數

資料庫函數的優點

使用資料庫函數有兩個優點。第一，如 範例1 及 範例2，只要在工作表中變更輸入的條件，就能看到合計數值的變化。第二，如同上圖，只要變更函數名稱，就能立即變更計算方式。

# 15 求得數值乘積的合計

使用 SUMPRODUCT 函數可以一次就計算出小計的加總。另外，透過符合條件計算出數值乘積合計的方式，也能求得符合條件的合計。

| 格式 | **分類** 數學與三角函數 | 2007 2010 2013 2016 |
| --- | --- | --- |

## SUMPRODUCT(陣列1,陣列2,[陣列3]...)

### 引數

[陣列]　　指定儲存格範圍或名稱。另外，可以指定比較運算式或條件。各個陣列必需要有相同的列數及欄數。

### ■ SUMPRODUCT 函數的構造

可以將引數的 [ 陣列 ] 想像成儲存格範圍。將儲存格範圍指定成 [ 陣列 ] 時，每個儲存格的範圍大小要相同。SUMPRODUCT 函數會將各個儲存格範圍的相對位置之相同儲存格數值相乘。以下圖來說只有陣列 A 和陣列 C 才能正確的執行計算。其他的陣列組合，會出現 [#VALUE!] 的錯誤訊息。

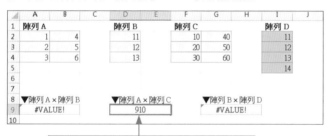

=SUMPRODUCT(A2:B4,F2:G4)
兩個陣列的大小皆為 2 欄 3 列

### 🔑 Keyword

陣列

陣列就像在相同樣式的箱子中放入資料，然後再將這些箱子並排在一塊。放在箱子中的資料稱為**陣列元素**。根據情況，Excel 會將儲存格視為陣列的元素，將儲存格範圍當成**陣列**。

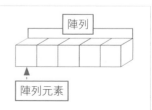

**範例 1** 求得折扣後的應付金額　　　SUMPRODUCT

每個商品皆享有折扣時，求得扣除折扣後加上稅金的合計金額。

**=SUMPRODUCT(D5:D11,E5:E11,1-F5:F11)*(1+D13)**
　　　　　　　　❶　　　　　❷　　　　　❸　　　　　❹

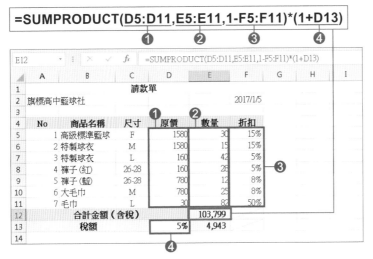

❶ 將**原價**的儲存格範圍 [D5:D11] 指定成 [ 陣列 1]

❷ 將**數量**的儲存格範圍 [E5:E11] 指定成 [ 陣列 2]

❸ 將**折扣**的儲存格範圍 [F5:F11] 指定成 [ 陣列 3]

❹ 使用輸入發票稅「5%」的儲存格 [D13]，計算出含稅金額的合計

---

**範例 2** 求得指定員工出差費的合計　　　SUMPRODUCT

計算蘇柏翰出差費的合計金額。

**=B3="出差費"**　　　**=C3*1**
　　　❶　　　　　　　　❷

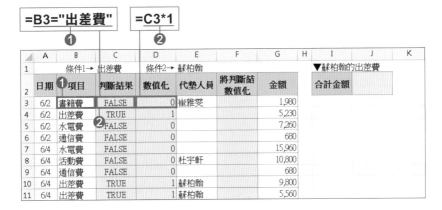

❶ 判斷**項目**的儲存格 [B3] 是否為「出差費」。為了將字串直接當成公式使用，所以要在「出差費」的前後用「"（雙引號）」框住

❷ 當項目為「出差費」時，計算結果會為「TRUE」，其他情況則為「FALSE」。將顯示判斷結果的儲存格 [C3] 乘以「1」，則可將結果數值化成 0 或 1

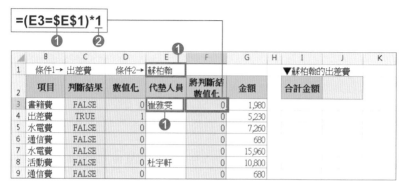

❶ 判斷輸入**代墊人員**資料的儲存格 [E3] 是否與輸入在儲存格 [E1] 的「蘇柏翰」相同。為了在利用**填滿控點**複製公式時，不要讓「蘇柏翰」的儲存格跟著移動，所以要將儲存格 [E1] 設定成絕對參照

❷ 將判斷結果乘以 1 數值化

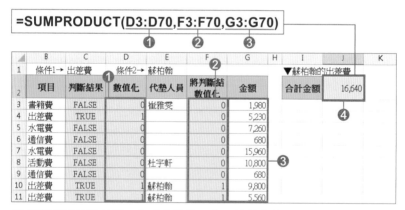

❶ 判斷**項目**的資料是否為「出差費」後，將數值化後的結果顯示在儲存格範圍 [D3:D70] 指定成 [ 陣列 1]

### ✎ Memo

SUMPRODUCT函數的條件合計

利用 SUMPRODUCT 函數計算出符合條件的合計時，要將條件判斷結果轉換成 0 或 1 的陣列。由於 0 乘以任何數值皆為 0，因此在 範例2 中，當項目或員工姓名的其中一個為 0 的話，就能將該筆資料排除在合計對象之外。

❷ 判斷「代墊人員」的資料是否為「蘇柏翰」後，將數值化後的結果顯示在儲存格範圍 [F3:F70] 指定成 [ 陣列 2]

❸ 將**金額**的儲存格範圍 [G3:G70] 指定成 [ 陣列 3]

❹ 當❶和❷的陣列元素皆為 1，才能計算出金額，因此可以求得合計金額。其他的金額會為 0

---

**範例 3　以員工區分指定費用的合計**　　SUMPRODUCT

以每位員工做區分，分別算出住宿費等合計。

=SUMPRODUCT(($D$2:$D$69=$G3)*1,($C$2:$C$69=H$2)*1,$E$2:$E$69)
　　　　　　　　　　❶　　　　　　　❷　　　　　　　❸

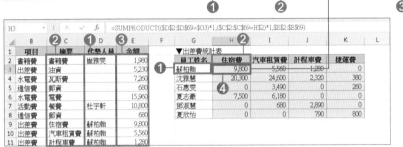

❶ 判斷**代墊人員**的儲存格範圍 [D2:D69] 中的各元素是否與儲存格 [G3] 的「蘇柏翰」相同後，再乘以 1 數值化

❷ 判斷**摘要**的儲存格範圍 [C2:C69] 中的各元素是否與儲存格 [H2] 的「住宿費」相同後，再乘以 1 數值化

❸ 指定**金額**的儲存格範圍 [E2:E69]

❹ 從❶❷❸中，只將蘇柏翰的住宿費相加總

---

利用名稱計算合計。

=SUMPRODUCT((代墊人員=$G3)*1,(摘要=H$2)*1,金額)
　　　　　　　　❺　　　　　　　❺　　　　　❺

❺ 將儲存格範圍 [D2:D69] 以「代墊人員」取代；儲存格範圍 [C2:C69] 以「摘要」取代；將儲存格範圍 [E2:E69] 以「金額」取代。代墊人員、摘要、金額等相對應儲存格範圍的名稱，要先定義後才可使用

# 16 數值的除法計算

餐費的平分、物品的平均分配、經費的現金計算等，要將數值以除法計算時，可以利用 QUOTIENT 函數求得商，利用 MOD 函數求得餘數。

| 格式 | 分類 | 數學與三角函數 | 2007 2010 2013 2016 |
|---|---|---|---|

## QUOTIENT(分子,分母)
## MOD(數值,除數)

### 引數

[分子]、[數值]　　指定被除數的數值或儲存格。

[分母]、[除數]　　指定除數的數值或儲存格。

### 範例1 求得需要的桌數　　　　　　　　　　　QUOTIENT/ MOD

依照人數求得需要的桌數。

=QUOTIENT(B3,$B$1)　　=MOD(B3,$B$1)　　=IF(D3=0,C3,C3+1)

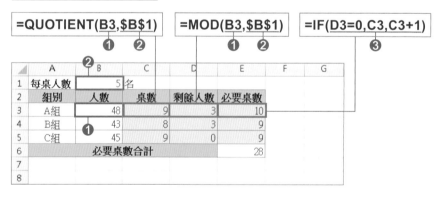

❶ 將被除數人數的儲存格 [B3] 指定成 QUOTIENT 函數的 [分子]，MOD 函數的 [數值]

❷ 將除數的儲存格 [B1] 指定成 QUOTIENT 函數的 [分母]，MOD 函數的 [除數]

❸ 當剩餘人數的儲存格 [D3] 為 0 的時，就以❶❷求得的桌數顯示，0 以外的情況，則要將桌數加 1

**範例 2** 求得貨幣各面額的數量 　　　　　　　　　　　　QUOTIENT/ MOD

從計算金額求得貨幣各面額所需要的張數。

=QUOTIENT(A3,B3)　　　　=MOD(A3,B3)
　　　　　① ②　　　　　　　　　① ②

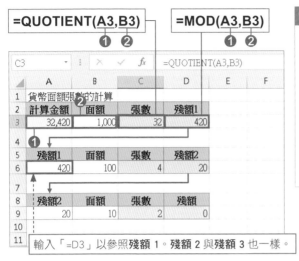

💡 **Hint**

面額計算

計算各面額需要的張數時，要從大面額的張數開始計算。面額無法除盡的殘額，就由下一個面額來求得需要張數，一直重複計算到最小面額為止，求得各面額所需要的張數。

輸入「=D3」以參照**殘額 1**。殘額 2 與殘額 3 也一樣。

① 將被除數**計算金額**的儲存格 [A3] 指定成 QUOTIENT 函數的 [ 分子 ]，MOD 函數的 [ 數值 ]

② 將除數的儲存格 [B3] 指定成 QUOTIENT 函數的 [ 分母 ]，MOD 函數的 [ 除數 ]

📝 **Memo**

以「自動填滿」功能來計算貨幣各面額的張數

製作如下的表格，就能透過**自動填滿**功能求得貨幣面額的張數。QUOTIENT 函數及 MOD 函數輸入公式，請參考下圖右側。

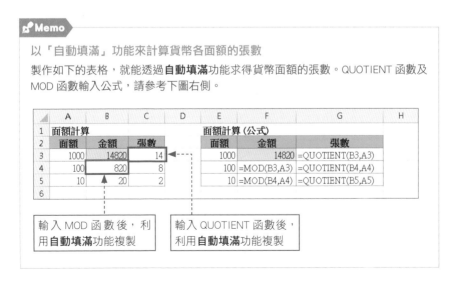

輸入 MOD 函數後，利用**自動填滿**功能複製

輸入 QUOTIENT 函數後，利用**自動填滿**功能複製

# 將數值尾數四捨五入、無條件進位、無條件捨去

以元為單位太小，想以千元為單位、小數點位數太多，想要只顯示 1 個小數位元等。要處理並統一數值尾數的位數時，可以利用四捨五入、無條件進位、無條件捨去等 3 個函數來完成。

| 格式 | 分類 | 數學與三角函數 | 2007 2010 2013 2016 |
| --- | --- | --- | --- |

ROUND(數值,位數)
ROUNDUP(數值,位數)
ROUNDDOWN(數值,位數)

**引數**

[數值]　　指定數值或輸入數值的儲存格。

[位數]　　指定處理尾數位數的相對應值。

### ■「位數」的設定

從「位數」來指定尾數處理的位數。「位數」會將小數點的位置當成「0」，整數部分用負數代表，小數部分以正數表示。依照這樣的方式，當要處理整數位數的尾數時，就在 [ 位數 ] 中指定尾數所要處理的位數。

「位數」與位數位置的對應關係

| 位數 | 整數部分 | | | | 小數點 | 小數部分 | | |
| --- | --- | --- | --- | --- | --- | --- | --- | --- |
| | 千位數 | 百位數 | 十位數 | 個位數 | | 第一位 | 第二位 | 第三位 |
| [位數] | -4 | -3 | -2 | -1 | 0 | 1 | 2 | 3 |
| 數值範例 | | | 1 | 2 | . | 3 | 5 | |

範例 1　　在 12.35 的第一位小數位進行四捨五入
=ROUND(12.35,1)　➡　12.4

範例 2　　在 12.35 的個位數進行四捨五入
=ROUND(12.35,-1)　➡　10

**範例1** 在數值的第一位小數位進行四捨五入　　　　　ROUND

從身高和體重計算出 BMI 值後，將第一位小數位進行四捨五入。

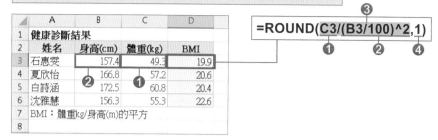

=ROUND(C3/(B3/100)^2,1)

❶ 指定**體重**的儲存格 [C3]

❷ 將**身高**的儲存格 [B3] 除以 100，把身高的單位轉換成「M」（公尺）後，再求得換算後身高的平方

❸ 直接在 [ 數值 ] 中指定體重除以身高的 2 次方，以求得 BMI 值的算式

❹ 將「1」指定成 [ 位數 ] 後，就能在第一位小數位進行四捨五入的計算

**範例2** 求得點數　　　　　ROUNDUP/ ROUNDDOWN

求得以 10 為單位無條件進位的點數金額及以千元為單位的點數。

=ROUNDUP(E12,-1)

=ROUNDDOWN(E14,-3)/1000

❶ 將**合計金額（含稅）**的儲存格 [E12] 指定成 [ 數值 ]，「-1」指定成 [ 位數 ]，在個位數進行無條件進位後，數值就會以 10 為單位

❷ 將❶求得的點數金額在百位數進行無條件捨去後，就能讓數值以千為單位

❸ 將❷求得以千為單位的金額除以 1000，就能求得點數

# 18 將數值整數化

INT 函數和 TRUNC 函數會將數值的小數部分捨去。透過這 2 個函數可以求得數值相除計算後的整數商，也能將數值除 100 或 1000 後，取得數值的較大位數。

| 格式 | 分類 數學與三角函數 | 2007 2010 2013 2016 |
|---|---|---|

### INT(數值)
### TRUNC(數值,[位數])

**引數**

[數值]　　指定數值或輸入數值的儲存格。

[位數]　　在 TRUNC 函數中使用的引數。指定尾數位數處理的相對值（2-22 頁）。省略時，會將小數位無條件捨去。

■ **INT 函數與 TRUNC 函數的回傳值**

INT 函數與省略 [ 位數 ] 的 TRUNC 函數都會回傳捨去小數點以下的整數。當指定的數值皆為正數時，2 個函數的回傳值會相同，但若數值為負數時，回傳值就不同。被 INT 函數捨去的數值會小於原來的數值，而 TRUNC 函數則不論正負數，直接將小數位捨去。因此，使用 TRUNC 函數時，將負數的小數位數捨去後，捨去後的數值會比原來的數值大。

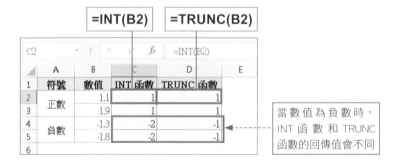

**範例 1** 求得可購買的數量及餘額 INT

求得各店家不同售價的商品中,可以購買的數量及餘額。 =INT($B$2/B4)

=$B$2-B4*INT($B$2/B4)

❶ 將「$B$2/B4」指定成 [ 數值 ]。將巨蛋店的**價格**除以**預算**,除不盡的部分會變成小數位被捨去,因此可求得購買數量

❷ 餘額可從「預算 - 價格 × 購買數量」求得。購買數量從❶的 INT 函數求得

**範例 2** 將連續的日期拆開成年月日 TRUNC

將沒有用「/」或「-」區分的連續日期數字,拆開成年、月、日。

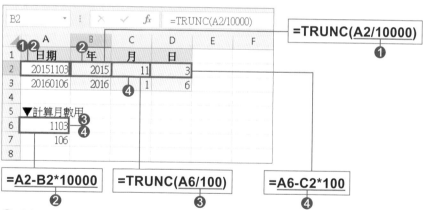

=TRUNC(A2/10000)

=A2-B2*10000

=TRUNC(A6/100)

=A6-C2*100

❶ 將輸入 8 位數數值的儲存格「A2」除 10000,讓右邊 4 位數變成小數位後捨去,就能取得左邊 4 位數的年份

❷ 將原來數值的儲存格「A2」減年份 ×10000 後,可以取得整數商剩下的數值

❸ 將❷求得的 4 位數的值除 100,讓右邊 2 位數變成小數位後捨去,就能取得左邊 2 位數的月份

❹ 儲存格 [A6] 減月份 ×100 後,即可取得日期

# 將數值在指定倍數中
# 無條件進位／無條件捨去

想要購買 7 個商品,但購買時需以 5 個為 1 個單位的情況下,要買 5 的倍數 10 個或只買 5 個。這裡將介紹將零星數值在指定單位倍數中無條件進位／無條件捨去的函數。

| 格式 | 分類 | 數學與三角函數 | CEILING/FLOOR | 2007 | 2010 | 2013 | 2016 |
| | | | CEILING.MATH/FLOOR.MATH | 2007 | 2010 | 2013 | 2016 |

## CEILING(數值,基準值)
## CEILING.MATH(數值,[基準值],[模式])
## FLOOR(數值,基準值)
## FLOOR.MATH(數值,[基準值],[模式])

### 引數

[數值]　　指定數值或輸入數值的儲存格。

[基準值]　指定倍數基準的數值或輸入數值的儲存格。

[模式]　　[數值]為負數的情況下,尾數的處理方式會依照 [ 模式 ] 中指定數值而有所不同 ( 請參考以下介紹 )。

■ CEILING.MATH 函數與 FLOOR.MATH 函數的 [ 模式 ]

以下圖為例,[ 數值 ] 為負數的情況下,雖然 [ 模式 ] 會因指定,讓回傳值發生不同的變化,但並不會與 [ 模式 ] 的符號或值有相互依賴的關係。使用 [ 模式 ] 時,除了省略或「0」外,指定自己決定的固定數值,才不會被搞混。

| | A | B | C | D | E | F | G | H |
|---|---|---|---|---|---|---|---|---|
| 1 | NO | 數值/基準值/模式 | 數值 | 基準值 | 模式 | CEILING.MATH | FLOOR.MATH | |
| 2 | 7 | 負,正,(省略,0) | -100 | 3 | | -99 | -102 | |
| 3 | 8 | 負,正,正 | -100 | 3 | 123 | -102 | -99 | |
| 4 | 9 | 負,正,負 | -100 | 3 | -123 | -102 | -99 | |
| 5 | 10 | 負,負,(省略0) | -100 | -3 | | -99 | -102 | |
| 6 | 11 | 負,負,正 | -100 | -3 | 0.123 | -102 | -99 | |
| 7 | 12 | 負,負,負 | -100 | -3 | -0.123 | -102 | -99 | |
| 8 | | | | | | | | |

**範例 1** **購買數量在購買單位中直接捨去**　　FLOOR

申請數量在購買單位中直接捨去。　　**=FLOOR(B3,D3)/D3**
　　　　　　　　　　　　　　　　　　　　　　❶　❷　　❸

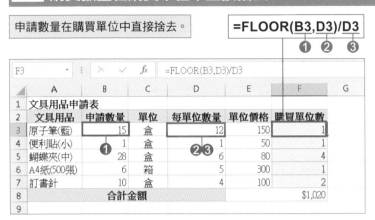

❶ 將**申請數量**的儲存格 [B3] 指定成 [ 數值 ]

❷ 將**每單位數量**的儲存格 [D3] 指定成 [ 基準值 ]

❸ 將❶❷中捨去的數值除以**每單位數量**後，就能求得購買的單位數

**✍ Memo**

FLOOR函數會等待到達購入單位為止

FLOOR 函數會在購買數量未達到單位數量時，一直等到達到單位數量再購入。

---

**範例 2** **購買數量在購買單位中直接進位**　　CEILING

申請數量在購買單位中直接進位。　　**=CEILING(B3,D3)/D3**
　　　　　　　　　　　　　　　　　　　　　　　❶　❷　　❸

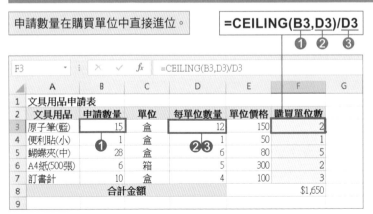

❶ 將**申請數量**的儲存格 [B3] 指定成 [ 數值 ]

❷ 將**每單位數量**的儲存格 [D3] 指定成 [ 基準值 ]

❸ 將❶❷中進位的數值除 1 單位數量後，就能求得購買的單位數

## Unit 20 將數值在指定倍數中四捨五入

MROUND 函數在數值除倍數後，若餘數大於基準值的一半時，則與 CEILING 函數相同，將數值進位到倍數的倍數，小於基準值的一半，則與 FLOOR 函數相同，將數值捨去。

| 格式 | 分類 | 數學與三角函數 | 2007 2010 2013 2016 |
|---|---|---|---|

## MROUND(數值,倍數)

### 引數

[數值] 指定數值或輸入數值的儲存格。

[倍數] 指定要當成倍數基準的數值或輸入數值的儲存格。

### 範例1 購買數量在購買單位中進位或捨去　　　　　MROUND

依照購買的數量，在購買單位中進位或捨去。

=MROUND(B3,D3)/D3
❶ ❷ ❸

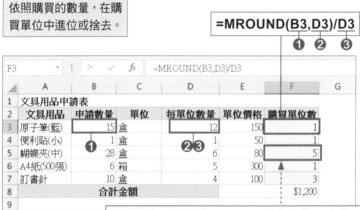

需要數量 28 個為「6×4+4」，尾數的「4」大於 1 單位 6 個的一半「3」，因此會與 CEILING 函數相同，將數值無條件進位

❶ 將**申請數量**的儲存格 [B3] 指定成 [ 數值 ]

❷ 將**每單位數量**的儲存格 [D3] 指定成 [ 倍數 ]

❸ 將❶❷中進位的數值除 1 單位數量後，就能求得購買的單位數

第 **3** 章

# 資料的分析

# 計算數值或資料個數

我們經常會「計算日期欄位以求得申請筆數」、「計算姓名欄位以求得人數」、…等，根據不同目的變更計算對象。本單元將介紹計算輸入數值或資料儲存格個數的函數。

| 格式 | 分類 統計 | | 2007 2010 2013 2016 |
|---|---|---|---|

COUNT(值1,[值2]...)

COUNTA (值1,[值2]...)

**引數**

[值]　　指定任意值、儲存格或儲存格範圍。

■ **用 COUNT 函數和 COUNTA 函數來計算資料**

在指定的儲存格範圍中，COUNT 函數可以計算出數值資料的筆數，COUNTA 函數則能計算出非空白儲存格的資料筆數。

以下圖為例，在 B 欄的數值資料中，COUNT 函數和 COUNTA 函數的執行結果會相同。另外，在 D 欄中，儲存格 [D2]、儲存格 [D3]、儲存格 [D8] 會被視為數值。儲存格 [D2]、儲存格 [D5]、儲存格 [D6] 看起來皆為空白儲存格，所以在計算儲存格個數時，要特別小心。

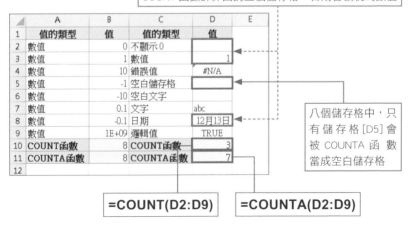

**範例 1** 計算報名人數及測驗人數  `COUNTA/ COUNT`

從報名日期求得報名人數，從成績求得測驗人數。

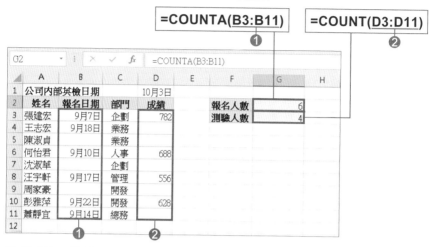

**❶** 將**報名日期**的儲存格範圍 [B3:B11] 指定成 COUNTA 的 [ 值 ]

**❷** 將**成績**的儲存格範圍 [D3:D11] 指定成 COUNT 的 [ 值 ]

---

💡 **Hint**

注意看起來為空白的儲存格

如上一頁的圖，雖然看起來皆為空白儲存格，但有可能是「0」所以為空白，或是輸入了 空白鍵 的空白字串。以下將介紹確認儲存格內容的方法。

**① 按下 F2 鍵後，查看輸入游標的位置**

輸入游標沒有顯示在最左邊的位置，則表示有輸入空白字串。當儲存格為字串時，COUNT 函數會略過，COUNTA 函數則會將它當成計算的對象。

**② 在「資料編輯列」中顯示「0」**

儲存格設定為「0」時不顯示。儲存格被輸入「0」，所以會被 COUNT 函數和 COUNTA 函數當成計算的對象。

**③ 在「資料編輯列」中顯示資料內容**

有可能是因為資料的字型色彩設定與儲存格的背景顏色相同，所以看起來為空白儲存格。這時，只要變更字型色彩就能顯示資料內容。不論資料的類型，皆會被 COUNTA 函數當成計算的對象。

# 計算符合條件的資料筆數

要計算指定範圍中，符合條件的資料筆數時，可以利用 COUNTIF 函數來完成。計算符合關鍵字的資料、大於（小於）指定值的資料筆數時，都可以利用此函數來完成。

| 格式 | 分類 | 統計 | 2007 2010 2013 2016 |
|---|---|---|---|

## COUNTIF(範圍,搜尋條件)

### 引數

[範圍]　　　　指定 [ 搜尋條件 ] 中指定條件所要搜尋的儲存格範圍。

[搜尋條件]　　指定要計算個數的條件。條件可以是數值、字串、比較運算式、萬用字元或指定已輸入條件的儲存格。除了數值外，若要直接在引數中指定條件時，條件內容的前後用要用「"（雙引號）」框住。

### 範例 1　問卷統計

COUNTIF

從指定的主要工作中求得回答人數。

=COUNTIF($C$3:$C$172,G3)
❶ ❷

| H3 | ▼ : × ✓ fx | =COUNTIF($C$3:$C$172,G3) |
|---|---|---|

| ◢ | A | B | C | D | E | F | G | H | I |
|---|---|---|---|---|---|---|---|---|---|
| 1 | 問卷結果 | | ❶ | | | | ▼問卷統計 | | |
| 2 | No | 加班時數 | 加班時的主要工作 | 職務 | 性別 | | 加班時的主要工作 | 回答數 | |
| 3 | 1 | 39 | 主要工作的完成 | 人事 | 男性 | | 主要工作的完成 | 18 | |
| 4 | 2 | 29 | 主要工作的完成 | 人事 | 女性 | | 製作週報 | 27 | |
| 5 | 3 | 34 | 製作週報 | 業務 | 女性 | | 會議　❷ | 28 | |
| 6 | 4 | 88 | 製作會議資料 | 市調 | 女性 | | | | |
| 7 | 5 | 31 | 主要工作的完成 | 市調 | 女性 | | | | |
| 8 | 6 | 28 | 主要工作的完成 | 業務 | 女性 | | | | |
| 9 | 7 | 25 | 會議 | 企劃 | 男性 | | | | |
| 10 | 8 | 56 | 製作會議資料 | 企劃 | 女性 | | | | |
| 11 | 9 | 26 | 主要工作的完成 | 人事 | 女性 | | | | |
| 12 | 10 | 11 | 製作週報 | 業務 | 女性 | | | | |

❶ 將**加班時的主要工作**儲存格範圍 [C3:C172] 指定成搜尋會使用到的 [ 範圍 ]。利用絕對參照固定 [ 範圍 ] 的儲存格範圍

❷ 將輸入**加班時的主要工作**的儲存格 [G3] 指定成 [ 搜尋條件 ]

## 範例2 從銷售金額計算出交易筆數　　COUNTIF

從大於指定金額的銷售金額中計算出天數。條件直接輸入在儲存格中。

**=COUNTIF($E$3:$E$154,G3)**
❶　　❷

❶ 將**銷售金額**的儲存格範圍 [E3:E154] 指定成 [ 範圍 ]。利用絕對參照固定 [ 範圍 ] 的儲存格範圍

❷ 將輸入「大於銷售金額的比較運算式」的儲存格 [G3] 指定成 [ 搜尋條件 ]

## 範例3 計算與部分搜尋內容相同的銷售筆數　　COUNTIF

求得商品名稱以「奶油」結尾的銷售筆數。

**=COUNTIF(C3:C736,H3)**
❶　　❷

輸入「=SUMIF(C3:C736,H6,E3:E736)」，計算商品名稱以奶油結尾的銷售總數量。SUMIF 函數的介紹請參考 2-6 頁

❶ 將**商品名稱**的儲存格範圍 [C3:C736] 指定成 [ 範圍 ]

❷ 將儲存格 [H3] 指定成 [ 搜尋條件 ]

# 計算符合多項條件的資料筆數

利用 COUNTIFS 函數可以計算出符合多項條件的資料筆數，從資料清單中可以製作欄、列皆有資料項目的統計表。欄、列的資料項目名稱必需是函數中用來計算資料筆數的條件。

---

**格式**

| 分類 | 統計 | | 2007 2010 2013 2016 |
|---|---|---|---|

### COUNTIFS(條件搜尋範圍,條件1,[條件搜尋範圍2,條件2]...)

**引數**

[條件搜尋範圍]　　指定條件搜尋的儲存格範圍。儲存格範圍有定義名稱時，也能使用名稱來指定。

[條件]　　　　　　指定要計算個數的條件。條件可以是數值、字串、比較運算式、萬用字元或指定已輸入條件的儲存格。除了數值外，若要直接在引數中指定條件時，條件內容的前後用要用「"（雙引號）」框住。

---

**範例1 製作「依職務來計算性別人數」的統計表**　　　COUNTIFS

從問卷結果中，依職務和性別計算各類的人數。

## =COUNTIFS($D$3:$D$172,$G3,$E$3:$E$172,H$2)
　　　　　　　　　　❶　　　　　　❷　　　　　❸　　　❹

❶ ❷ 統計表中的項目「業務」在問卷結果清單中的**職務**欄中搜尋。因此，將儲存格範圍 [D3:D172] 指定成 [ 條件搜尋範圍 ]，將儲存格 [G3] 指定成 [ 條件 1]

❸ ❹ 將統計表中的欄項目「男性」在問卷結果清單中的**性別**欄中搜尋。因此，將儲存格範圍 [E3:E172] 指定成 [ 條件搜尋範圍 2]，將儲存格 [H2] 指定成 [ 條件 2]

❺ 為了利用**自動填滿**功能將公式複製到其他要得求個數的儲存格中，所以要將 [ 條件搜尋範圍 ] 中所指定的「職務」和「性別」的儲存格範圍 [D3:D172] 和 [E3:E172] 設定成絕對參照。另外，儲存格 [G3] 要設定成絕對欄的混合參照，儲存格 [H2] 設定成絕對列的混合參照

## 範例 2 計算各月份星期六、日的天數 `COUNTIFS`

求得各月份中星期六和星期日各有幾天。

**=COUNTIFS($B$2:$B$367,$E3,$C$2:$C$367,F$2)**

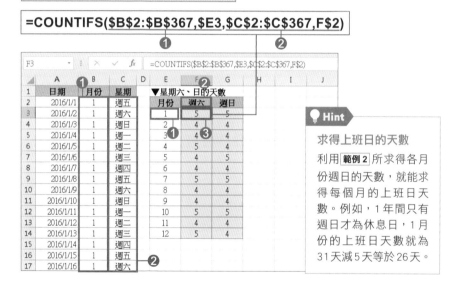

**Hint**

求得上班日的天數

利用 範例 2 所求得各月份週日的天數，就能求得每個月的上班日天數。例如，1 年間只有週日才為休息日，1 月份的上班日天數就為 31 天減 5 天等於 26 天。

❶ 要找出 1 月份，要在**月份**欄中搜尋。將儲存格範圍 [B2:B367] 指定成 [ 條件搜尋範圍 1]，儲存格 [E3] 指定成 [ 條件 1]

❷ 要找出週六的天數，要在**星期**欄中搜尋。將儲存格範圍 [C2:C367] 指定成 [ 條件搜尋範圍 2]，儲存格 [F2] 指定成 [ 條件 2]

❸ 為了利用**自動填滿**功能將公式複製到其他儲存格中，所以要將 [ 條件搜尋範圍 ] 中所指定的「月份」和「星期」的儲存格範圍 [B2:B367] 和 [C2:C367] 設定成絕對參照，統計表 1~12 的列項目要設定成絕對欄的混合參照，欄項目的星期六、日則設定成絕對列的混合參照

# 一次計算出符合
# 多項條件的資料筆數

想要在這裡變更條件，就能計算出符合條件的資料筆數時，可以利用 DCOUNTA
函數來完成。DCOUNTA 函數可以直接在工作表中製作條件欄位，以充份對應
條件的設定。

| 格式 | 分類 | 資料庫 | 2007 2010 2013 2016 |
|---|---|---|---|

### DCOUNTA(資料庫,資料欄位,條件)

**引數**

[資料庫]　　　指定包含表格標題名稱一覽表的儲存格範圍。若一覽表的儲存格範
　　　　　　　圍有定義名稱時，也可以使用名稱來指定。

[資料欄位]　　指定要計算資料筆數的欄位標題名稱儲存格。

[條件]　　　　製作一個與 [資料庫] 一覽表中有相同欄位標題名稱的條件表格
　　　　　　　(2-12 頁 )，然後在表格內輸入條件。將條件表格的儲存格範圍指定
　　　　　　　成引數。條件可以是數值、公式、字串、比較運算式、萬用字元。

---

**範例1** 計算符合所有條件的資料筆數　　　　　　　　　　DCOUNTA

計算蘇柏翰出差費的資料筆數。

=DCOUNTA(A2:E70,A2,G2:H3)
　　　　　　　❶　　❷　❸

❶ 將經費清單儲存格範圍 [A2:E70] 指定成「資料庫」

❷ 將要計算對象的欄標題儲存格 [A2] 指定成「資料欄位」

❸ 在儲存格 [G3] 輸入「蘇柏翰」，在儲存格 [H3] 輸入「出差費」，然後將條件欄的儲存格範圍 [G2:H3] 指定成 [ 條件 ]

## 範例 2 計算只要符合任一條件的資料筆數　　`DCOUNTA`

計算通信費及水電費的資料筆數。　　=DCOUNTA(A2:E70,A2,G2:G4)
　　　　　　　　　　　　　　　　　　　　　　❶　　❷　　❸

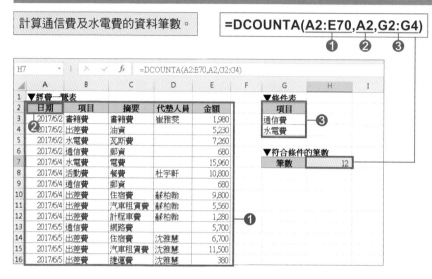

❶ 將經費清單儲存格範圍 [A2:E70] 指定成「資料庫」

❷ 將要計算對象的欄標題儲存格 [A2] 指定成「資料欄位」

❸ 在儲存格 [G3] 輸入「通信費」，在儲存格 [G4] 輸入「水電費」，然後將條件欄的儲存格範圍 [G2:G4] 指定成 [ 條件 ]

> 💡 **Hint**
>
> 在「資料欄位」中指定的儲存格
>
> 在資料清單中，一列輸入一筆資料，因此不論選擇哪個欄位名稱皆能執行計算，但若遇到空白欄位名稱時，資料將無法被選取。另外，漏輸入的欄位名稱，不會被當成 0，因此在任何欄位中，若有可能產空白欄位的情況下，可以利用連續編號等方法，在不要產生空欄的情況下，將欄資料指定成 [ 資料欄位 ]。

# 25 求得平均值

利用 AVERAGE 函數可以求得平均值，但依照基準的不同，也會有無法使用的情況產生。這裡將介紹使用及不使用 AVERAGE 函數的情況。

| 格式 | 分類 | 統計 | 2007 2010 2013 2016 |
|---|---|---|---|
| | AVERAGE(數值1,[數值2]...) | | |

### 引數

[數值]　指定數值、數值儲存格或儲存格範圍。

---

**範例1** 計算 1 天的平均銷售額　　　　　　　　　　　AVERAGE

以奶油的銷售日為基準，計算出平均銷售金額。

`=INT(AVERAGE(C3:C154))`
❷ ❶

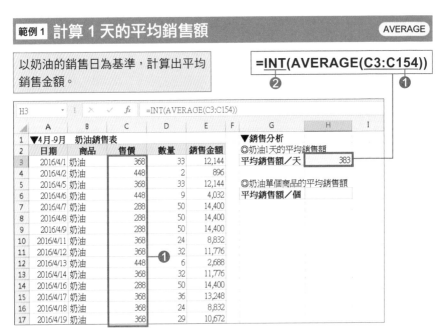

❶ 將**售價**的儲存格範圍 [C3:C154] 指定成 [ 數值 ]

❷ 利用 INT 函數，捨去 ❶ 求得的平均值之小數位數

## 範例2 計算單個商品的平均銷售額　SUM

計算1個奶油的平均銷售金額。

=INT(SUM(E3:E154)/SUM(D3:D154))
　　③　　　①　　　　　②

| | A | B | C | D | E | F | G | H | I |
|---|---|---|---|---|---|---|---|---|---|
| 1 | ▼4月-9月　奶油銷售表 | | | | | | ▼銷售分析 | | |
| 2 | 日期 | 商品 | 售價 | 數量 | 銷售金額 | | ◎奶油1天的平均銷售額 | | |
| 3 | 2016/4/1 | 奶油 | 368 | 33 | 12,144 | | 平均銷售額／天 | 383 | |
| 4 | 2016/4/2 | 奶油 | 448 | 2 | 896 | | | | |
| 5 | 2016/4/5 | 奶油 | 368 | 33 | 12,144 | | ◎奶油單個商品的平均銷售額 | | |
| 6 | 2016/4/6 | 奶油 | 448 | 9 | 4,032 | | 平均銷售額／個 | 341 | |
| 7 | 2016/4/7 | 奶油 | 288 | 50 | 14,400 | | | | |
| 8 | 2016/4/8 | 奶油 | 288 | 50 | 14,400 | | | | |
| 9 | 2016/4/9 | 奶油 | 288 | 50 | 14,400 | | | | |
| 10 | 2016/4/11 | 奶油 | 368 | 24 | 8,832 | | | | |
| 11 | 2016/4/12 | 奶油 | 368 | 32 | 11,776 | | | | |
| 12 | 2016/4/13 | 奶油 | 448 | 6 | 2,688 | | | | |
| 13 | 2016/4/14 | 奶油 | 368 | 32 | 11,776 | | | | |

H6　　fx　=INT(SUM(E3:E154)/SUM(D3:D154))

❶ 將**銷售金額**的儲存格範圍「E3:E154」指定成 SUM 函數的 [ 數值 ]，以求得銷售金額的合計

❷ 將**數量**的儲存格範圍「D3:D154」指定成 SUM 函數的 [ 數值 ]，接著將 ❶ 除以 ❷ 後，即可求得 1 個商品的平均單價

❸ 利用 INT 函數，將平均值的小數位數捨去

---

### 🐾 Memo

**單列的平均值可以利用 AVERAGE 函數求得**

範例1 資料依日期為單位輸入。也就是說，每個銷售日的平均銷售金額，就是每 1 筆資料的平均值，因此此範例可用 AVERAGE 函數求得。

### 💡 Hint

**2 個平均的意義**

「1 天的平均銷售金額」比「單個商品的平均銷售額」高，從這 2 個平均數值中可以得知，低售價的日期會被大量買入。

### 🐾 Memo

**無法利用 AVERAGE 函數求得的平均**

由於奶油銷售表是以日期為單位的表格，所以無法使用 AVERAGE 函數求得單個商品的平均售價。「售價＝銷售金額 ÷ 數量」，因此要將銷售金額的合計除以數量的合計後，才可求得單個商品的售價。

# 求得符合條件的資料平均值

平均值有可能會被資料中的極端數值所影響，透過 AVERAGEIF 函數可以在資料中設定條件，排除極端數值後，再求得平均值。

| 格式 | 分類 | 統計 | | 2007 2010 2013 2016 |
|------|------|------|--|---------------------|

## AVERAGEIF(範圍,搜尋條件,[平均對象範圍])

### 引數

| [範圍] | 指定條件所要搜尋的儲存格範圍。當儲存格範圍有定義名稱時，也可以使用名稱來指定。 |
|--------|--------|
| [搜尋條件] | 指定要求得平均值的條件對象。條件可以是數值、字串、比較運算式、萬用字元或指定已輸入條件的儲存格。除了數值外，若要直接在引數中指定條件時，條件內容的前後用要用「"（雙引號）」框住。 |
| [平均對象範圍] | 指定要求得平均值的儲存格範圍或名稱。省略時，會從 [ 搜尋條件 ] 相同 [ 範圍 ] 的數值資料中計算出平均值。 |

### ■ 設定條件的平均值，可以避免極端值的影響

資料中相差極大的數值稱為「離群值」或「極端值」。極端值的產生因素各有不同，有可能是輸入錯誤資料、套用到特別條件的設定等，極端值混入資料中影響資料分析結果時，可以利用條件的設定將它排除。

=AVERAGE(A2:C5)

| ◢ | A | B | C | D | E | F | G | H |
|---|---|---|---|---|---|---|---|---|
| 1 | ▼數值資料 | | | | | | | |
| 2 | 8 | 9 | 2 | | 平均值 | | 838 | |
| 3 | 3 | 3 | 3 | | | | | |
| 4 | 4 | 3 | 4 | | 10以下的平均值 | | 4.55 | |
| 5 | 6 | 5 | 10,000 | | | | | |
| 6 | | | | | | | | |

=AVERAGEIF(A2:C5,"<=10",A2:C5)

## 範例 1 依問卷中的性別求得新商品的平均價格    AVERAGEIF

依男女性別求得問卷結果的平均價格。

**=AVERAGEIF($C$3:$C$102,G3,$E$3:$E$102)**
        ❶        ❷        ❸

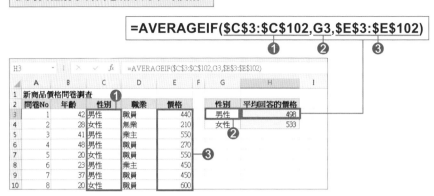

❶ ❷ 將儲存格範圍 [C3:C102] 指定成 [ 範圍 ]，讓儲存格 [G3] 的「男性」在**性別**欄中尋找

❸ 將**價格**欄的儲存格範圍 [E3:E102] 指定成 [ 平均對象範圍 ]

## 範例 2 求得接近平均售價的平均銷售數    AVERAGEIF

從大於或小於平均售價中，求得每天的平均銷售數量。

**=AVERAGEIF($C$3:$C$154,">="&$H$3,$D$3:$D$154)**
     ❶        ❷        ❸

❶ 將**售價**的儲存格範圍「C3:C154」以絕對參照方式指定成 [ 範圍 ]

❷ 要設定 1 天的平均售價大於等於 390 元，因此將「">="&$H$3」設定成 [ 搜尋條件 ]，然後利用**自動填滿**功能將公式複製到下一列。在儲存格 [H7] 上雙按滑鼠左鍵，將條件設定成小於 390 元「"<"&$H$3」

❸ 將**數量**的儲存格範圍 [D3:D154] 以絕對參照方式指定成 [ 平均對象範圍 ]

AVERAGEIFS 函數可以從清單中製作出有欄列項目名稱的計算表。計算表是從清單資料中所求得的平均值。

| 格式 | 分類 | 統計 | 2007 2010 2013 2016 |
|---|---|---|---|

## AVERAGEIFS(平均對象範圍,條件範圍1,條件1, [條件範圍2,條件2]...)

### 引數

[平均對象範圍] 　指定計算對象的儲存格範圍或名稱。

[條件範圍] 　指定條件要搜尋的儲存格範圍。若儲存格範圍有定義名稱時,也可以使用名稱來指定。

[條件] 　指定要計算對象的條件。條件可以是數值、字串、比較運算式、萬用字元或指定已輸入條件的儲存格。除了數值外,若要直接在引數中指定條件時,條件內容的前後用要用「"(雙引號)」框住。

### 範例 1　依照年齡和職業來區分平均價格　　　　AVERAGEIFS

依年齡和職業求得問卷結果的平均價格。

**=AVERAGEIFS($F$3:$F$102,$C$3:$C$102,$H3,$E$3:$E$102,I$2)**
　　　　　　　❶　　　　　　　❷　　　　　❸　　　　　❹　　　　❺

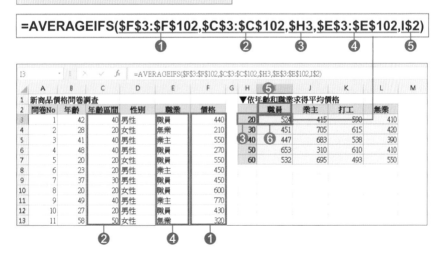

❶ 將要求得平均價格的儲存格範圍 [F3:F102] 以絕對參照方式指定成 [ 平均對象範圍 ]

❷ ❸ 在**年齡區間**欄中尋找「20」。將**年齡區間**的儲存格範圍 [C3:C102] 指定成 [ 條件範圍 1]，將儲存格 [H3] 指定成 [ 條件 1]

❹ ❺ 在**職業**欄中尋找「職員」。將**職業**欄的儲存格範圍 [E3:E102] 指定成 [ 條件範圍 2]，將儲存格 [I2] 指定成 [ 條件 2]

❻ 將 [ 條件範圍 ] 指定成絕對參照，以便利用**自動填滿**功能將公式複製到表格中的其他儲存格。另外，列項目要設定成絕對欄的混合參照，欄項目要設定成絕對列的混合參照

---

## 範例2 利用「名稱」求得平均銷售量　　AVERAGEIFS

求得每個月「奶油」和「兒童起士」的平均銷售數量。

**=AVERAGEIFS(數量,月份,$H3,商品,I$2)**
　　　　　　　❶　　❷　　❸　　❹　❺

❶ 將儲存格範圍 [E3:E736] 的名稱「數量」指定成 [ 平均對象範圍 ]

❷ ❸ 在**月份**欄中尋找「4」。將儲存格範圍 [B3:B736] 的名稱「月份」指定成 [ 條件範圍 1]，將儲存格 [H3] 指定成 [ 條件 1]

❹ ❺ 在**商品**欄中尋找「奶油」。將儲存格範圍 [C3:C736] 的名稱「商品」指定成 [ 條件範圍 2]，將儲存格 [I2] 指定成 [ 條件 2]

❻ 將 [ 條件範圍 ] 指定成絕對參照，以便利用**自動填滿**功能將公式複製到表格中的其他儲存格。另外，列項目要設定成絕對欄的混合參照，欄項目要設定成絕對列的混合參照

**Memo**

使用定義的名稱

在 範例2 中，儲存格範圍以名稱代替。利用**自動填滿**功能複製公式時，絕對參照或混合參照會使公式變長，若利用名稱代替的話，可以縮短公式長度，讓公式更清楚易懂。

# 28

# 一次求得符合多項條件的平均值

利用 DAVERAGE 函數可以求得符合多個條件資料的平均值。在 DAVERAGE 函數中可以設定的條件有 AND 條件、OR 條件或 AND 條件和 OR 的組合。

| 格式 | 分類 | 資料庫 | | 2007 2010 2013 2016 |
|---|---|---|---|---|

## DAVERAGE(資料庫,資料欄位,條件)

### 引數

與 DSUM 函數相同,請參照 2-12 頁。

---

**範例 1** 從清單中求得符合指定條件的平均值　　　　DAVERAGE

從銷售清單中求得「奶油」及「無塩奶油」的平均銷售量。

=DAVERAGE(A2:F736,E2,H2:I4)

❶　❷　❸

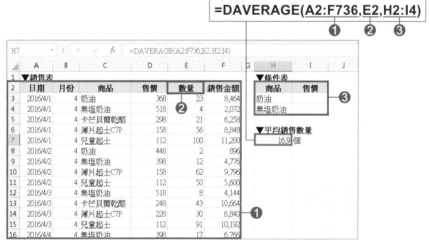

❶ 將清單的儲存格範圍 [A2:F736] 指定成 [ 資料庫 ]

❷ 將要求得平均值的欄標題儲存格 [E2] 指定成 [ 資料欄位 ]

❸ 將「奶油」和「無塩奶油」輸入到儲存格 [H3] 和 [H4]。沒有要設定售價條件,因此此處為空白儲存格,然後將儲存格範圍 [H2:I4] 指定成 [ 條件 ]

## 範例 2　求得符合數量的平均售價　　DAVERAGE

以天為單位，求得銷售數量大於 30 個的平均售價。

**=DAVERAGE(A2:F736,D2,H2:I3)**
　　　　　　　　① 　　　② 　　③

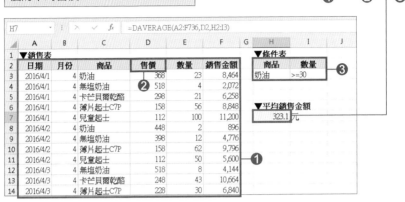

❶ 將清單的儲存格範圍 [A2:F736] 指定成 [ 資料庫 ]

❷ 將要求得平均值的欄標題儲存格 [D2] 指定成 [ 資料欄位 ]

❸ 將「奶油」和數量的「>=30」分別輸入到儲存格 [H3] 和 [I3]，再將儲存格範圍 [H2:I3] 指定成 [ 條件 ]

以天為單位，求得銷售數量小於 30 個的平均售價。

❶ 函數的引數內容不需要變動，只要將儲存格 [I3] 的條件內容變更成「<30」後，儲存格 [H7] 就會自動更新平均售價

### Memo

變更條件後，計算結果也會跟著變動

直接在儲存格中輸入條件的資料庫函數，其優點在於不需要另外變更函數的引數內容，只要輸入其他條件，就能求得計算結果。在 範例 2 中，根據數量條件的變更，就能觀察到平均售價的變化。

# 求得資料的最大值與最小值

資料的最大值可以由 MAX 函數求得，最小值則由 MIN 函數求得，根據內容不同，在使用前要先考慮一下，使用哪一個函數才恰當。

| 格式 | 分類 | 統計 | 2007 2010 2013 2016 |
| --- | --- | --- | --- |

### MAX(數值1,[數值2]...)
### MIN(數值1,[數值2]...)

**引數**

[數值] 指定數值、輸入數值的儲存格或儲存格範圍。指定的儲存格範圍內，若有空白儲存格時，會被忽略。另外，儲存格範圍內若有字串或邏輯值也都會被忽略。

---

**範例 1** **下單數量不可少於最少購買數量**                                    MAX

下單數量要等於或大於最少購買數量。                         **=MAX(C3,D3)**
                                                            ❶

| E3 | | × ✓ fx | =MAX(C3,D3) | | | |
| --- | --- | --- | --- | --- | --- | --- |
| | A | B | C | D | E | F |
| 1 | 物品下單數量調整 | | | | | |
| 2 | No | 品名 | 需要數量 | 最少購買數量 | 下單數量 | |
| 3 | 1 | A4印表紙（500張） | 7 | 5 | 7 | |
| 4 | 2 | 訂書針 | 2 | 5 | 5 | |
| 5 | 3 | 原子筆（紅） | 8 | 12 | 12 | |
| 6 | 4 | 便利貼（20個） | 1 | 1 | 1 | |
| 7 | | | | | | |
| 8 | | | | | | |

❶ 將**需要數量**的儲存格 [C3] 與**最少購買數量**的儲存格 [D3] 相互比較後，選擇較大的數值

---

**✎ Memo**

比較下限值

當所有資料小於下限值時，下限值就會變成最大值。**範例 1** 中，最少購買數量為下限值。需要數量未到達最少購買數量時，利用 MAX 函數就能回傳變成最大值的最少購買數量。

**範例 2** 設定交通費的補貼上限　　　　　　　　　　　　　　　　MIN

交通費的補貼金額以 1 萬元為上限。

**=MIN(C4,$E$1)**
❶

❶ 將**交通費**的儲存格 [C4] 與**補助上限**的儲存格 [E1] 相互比較後，選擇較小的數值。利用**自動填滿**功能複製公式時，為了固定**補助上限**的儲存格，因此要將儲存格 [E1] 設定成絕對參照

**範例 3** 求得年紀最年長及最年輕的生日　　　　　　　　　　　　MAX/MIN

求得年紀最年長及最年輕的生日。

**=MIN(B2:B7)**
❶

**=MAX(B2:B7)**
❶

❶ 將**生日**欄的儲存格範圍 [B2:B7] 指定成 MAX 函數／ MIN 函數的 [ 數值 ]

📝 **Memo**

較早的日期使用 MIN 函數

在 Excel 中，每個日期都有自己的號碼（亦稱作**序列值**），最早的日期為 1900 年 1 月 1 日。因此，愈前面的日期，數值就越小。最年長的生日其號碼最小，所以用 MIN 函數來求得。

📝 **Memo**

比較上限值

當所有資料大於上限值時，上限值就會變成最小值。**範例 2** 中，交通費的補助上限為 1 萬。使用 MIN 函數的話，當交通費少於 1 萬，就能依費用補助，超過 1 萬的話，則會選擇較小數值 1 萬。

# 30 求得出現次數最多的資料

當數值資料中有出現相同的值時，出現最多次的數值被稱為「眾數」(Mode)。
例如以數字回答的問卷調查中，出現最多次的值。

| 格式 | 分類 | 統計 | | MODE<br>MODE.MULT | 2007 2010 2013 2016<br>2007 2010 2013 2016 |
|---|---|---|---|---|---|

MODE(數值1,[數值2]...)

MODE.SNGL(數值1,[數值2]...) Excel 2010以後新增的函數

MODE.MULT(數值1,[數值2]...)

## 引數

[數值] 指定數值、數值儲存格或儲存
格範圍。指定的儲存格範圍中
字串、邏輯值或空白儲存格都
會被忽略。

### Memo

輸入陣列公式

要輸入陣列公式，在輸入函數後，
按住 Ctrl + Shift 鍵的同時再按下
Enter 鍵。

### ■ MODE.SNGL 函數的回傳值

MODE.SNGL 函數會回傳最先找到的眾數。下圖的資料 A 與資料 B 皆由相同的資
料所構成，只有排列順序不同。由下面的這個例子就能看出，MODE.SNGL 函數
會依照資料順序的不同而回傳不同的眾數。

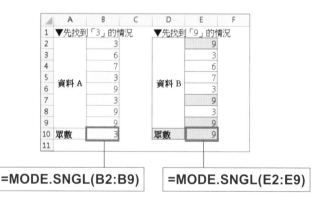

**範例1** 求得資料的眾數  `MODE.SNGL`

求得將成績調整以 10 分為單位的眾數及未調整前以 1 分為單位的眾數。
2 學年人數為 178 名。

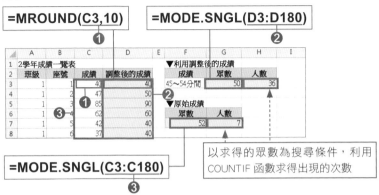

**=MROUND(C3,10)** ❶

**=MODE.SNGL(D3:D180)** ❷

**=MODE.SNGL(C3:C180)** ❸

以求得的眾數為搜尋條件,利用
COUNTIF 函數求得出現的次數

❶ 將**成績**的儲存格 [C3] 除「10」後,若餘數大於「5」就以 10 為單位進位,若
小於「5」就以 10 為單位捨去

❷ 將調整後的儲存格範圍 [D3:D180] 指定成「數值」後,就能求得成績調整後的眾數

❸ 將**成績**的儲存格範圍 [C3:C180] 指定成「數值」後,就能求得成績的眾數

**範例2** 求得多個眾數  `MODE.MULT`

求得將成績調整以 10 分單位的眾數及未調整前以 1 分為單位的眾數。

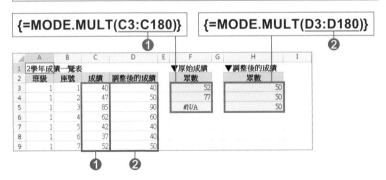

**{=MODE.MULT(C3:C180)}** ❶

**{=MODE.MULT(D3:D180)}** ❷

❶ 以拖曳的方式選取要求得眾數的儲存格範圍 [F3:F5],接著將成績的儲存格範圍
[C3:C180] 指定成 [ 數值 1],以陣列公式方式輸入

❷ 以拖曳方式選取要求得眾數的儲存格範圍 [H3:H5],接著將調整後的成績儲存格
範圍 [D3:D180] 指定成 [ 數值 1],以陣列公式方式輸入

# 求得資料的中位數

資料以升冪或降冪排序時,最中間的數值就稱為「中位數」。中位數只會看資料排序後的中間數值,因此中位數並不會被排序在資料前後的極端數值影響。

| 格式 | 分類 | 統計 | 2007 2010 2013 2016 |
|---|---|---|---|

## MEDIAN(數值1,[數值2]...)

### 引數

[數值]　指定數值、數值儲存格或儲存格範圍。

### ■ MEDIAN 函數的回傳值

回傳數值排序後,顯示排列在正中間位置的數值。使用 MEDIAN 函數時,數值不需要事先排序。

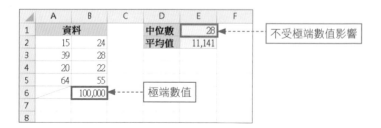

### ■ MEDIAN 函數的特色

下圖為求得中位數及平均值的範例。平均值會受到儲存格 [B6] 的 [100,000] 影響,但中位數則不會被這種極端數值影響。

## 範例 1 求得資料的中位數及平均值 　MEDIAN/AVERAGE

求得成績的中位數及平均值。

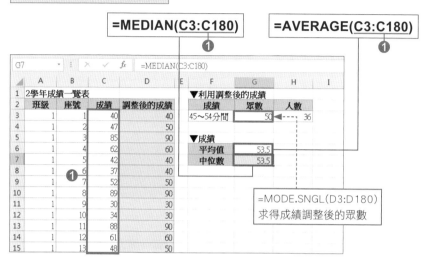

**=MEDIAN(C3:C180)** ❶

**=AVERAGE(C3:C180)** ❶

=MODE.SNGL(D3:D180)
求得成績調整後的眾數

❶ 將**成績**的儲存格範圍 [C3:C180] 指定成 [ 數值 1]

---

### Memo

求得各種「代表值」

用一句話來代表資料的數值稱為**代表值**。中位數也是代表值的一種。其他像是平均值、眾數、最大值、最小值等,都是代表資料特徵的一種數值。資料的特徵不是從其中一個代表值中就可以判斷,要整合所有不同的代表值後,再進行判斷。從 範例 1 中的分數分佈來看,平均值和中位數皆為 53.5 分,眾數也介於 45~54 之間,因此可推測成績的分佈應接近左右對稱的山形般曲線。

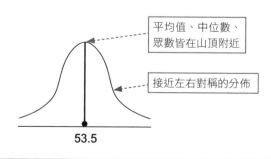

平均值、中位數、眾數皆在山頂附近

接近左右對稱的分佈

53.5

# 32

# 在指定的範圍中求得
# 區間資料出現的次數

大量資料無法個別確認時，可以在固定間隔的區間中將資料做區分。歸類在資料區間的資料稱為「次數」，次數整合後的表格稱為「次數分配表」。

| 格式 | 分類 統計 | 2007 2010 2013 2016 |
|---|---|---|

## FREQUENCY(資料陣列,區間陣列)

### 引數

[資料陣列]　　指定要統計次數的儲存格範圍。

[區間陣列]　　指定資料區間的儲存格範圍。資料區間的數值，是指定區間的上限值。

### 範例1 調查成績的分佈情況　　　　　　　　　　　　　FREQUENCY

成績以10分為單位做區間，以求得出現的次數。

{=FREQUENCY(<u>C3:C180</u>,<u>F8:F16</u>)}
　　　　　　❶　　　❷

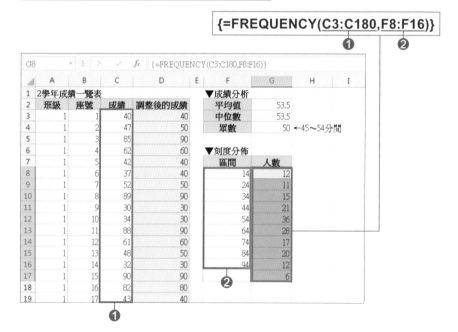

❶ 拖曳要求得次數的儲存格範圍 [G8:G17]，然後將**成績**的儲存格範圍 [C3:C180] 指定成 [ 資料陣列 ]

❷ 將成績區間的儲存格範圍 [F8:F16] 指定成 [ 區間陣列 ]，然後按住 `Ctrl` + `Shift` 鍵的同時再按下 `Enter` 鍵

---

### Memo

**顯示次數的儲存格範圍選取方法**

在選取求得次數的儲存格範圍時，可以比 [ 區間陣列 ] 多一列，以顯示超過區間最大值的資料筆數。以 範例1 來說，就能求得 95 分以上的人數。

### Memo

**資料區間的設定方法**

在 FREQUENCY 函數中，是指定區間的上限值。例如儲存格 [F12] 的「54」，表示會超過前一個區間「44」且低於「54」。也就是大於等於 45 小於 54 的區間範圍。

---

### Memo

**將次數分配表變成視覺化的圖表**

將 FREQUENCY 函數求得的次數分配表基礎，繪製成圖表後，讓資料分佈的情況視覺化。通常，都會利用直條圖來表現次數分配表。直條圖是以條狀圖示所構成的圖表。這裡是利用 範例1 的次數分配表所繪製而成的直條圖。

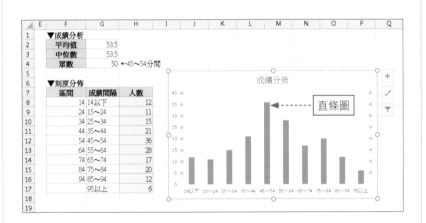

FREQUENCY 函數所使用的「區間」直接顯示在水平座軸的話，會讓人不易看懂，因此可以把儲存格範圍 [G7:G17] 置換成與各區間相對應的水平座標軸。只從 3-23 頁的代表值來推測資料分佈和比較時，雖然知道不會是一個左右對稱山形般的曲線，但 45~54 分為曲線的頂點且大部分的資料都以平均點為中心分佈是一致的。

# 33 回傳排名名次

排名常常會在測驗成績或運動等各種場合中使用。排名的取得方法有將資料由小到大排序，或將資料由大到小排序等 2 種方法。

| 格式 | 分類 | 統計 | | 2007 2010 2013 2016 |
|---|---|---|---|---|

## RANK(數值,參照,[排序])
## RANK.EQ(數值,參照,[排序])　　Excel 2010 之後新增的函數

### 引數

[數值]　　　指定數值或輸入數值的儲存格。

[參照]　　　指定求得排名的數值資料儲存格範圍。

[排序]　　　指定數值的排序方式「0」或「1」。「0」為降冪，「1」為升冪。另外，「0」可省略。

### ■ 同名次的說明

在取得排名的資料中，會出現相同數值重複出現的情況。遇到相同數值時，名次也會相同，但之後的名次則會依同數值出現的次數將順位延後。

下圖為有 3 個排名為第 2 名的情況，名次的顯示結果如下。

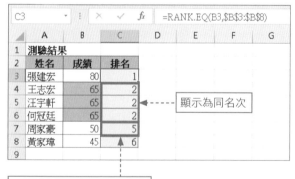

**範例 1** 求得營業成績的名次　　　　　RANK.EQ

求得「成交金額」由高到低的名次。　　**=RANK.EQ(B3,$B$3:$B$12)**
　　　　　　　　　　　　　　　　　　　　　　❶　　　　　❷

| | A | B | C | D | E | F |
|---|---|---|---|---|---|---|
| 1 | 7月份營業成績 | (單位：千元) | | | | |
| 2 | 業務姓名 | 成交金額 | 名次 | | | |
| 3 | 張建宏 | 3,500 | 10 | | | |
| 4 | 王志宏 | 11,700 | 2 | | | |
| 5 | 陳淑貞 | 8,300 | 5 | | | |
| 6 | 何怡君 | 14,400 | 1 | | | |
| 7 | 沈淑華 | 4,800 | 9 | | | |
| 8 | 彭雅萍 | 6,700 | 7 | | | |
| 9 | 汪宇軒 | 8,300 | 5 | | | |
| 10 | 何冠廷 | 4,900 | 8 | | | |
| 11 | 蕭靜宜 | 10,500 | 3 | | | |
| 12 | 周家豪 | 9,800 | 4 | | | |
| 13 | | | | | | |

🔑 **Keyword**

升冪／降冪

數值由小到大、文字筆劃由少到多、日期由以前到現在的排序方式稱為**升冪**。**降冪**則相反，數值由大到小、文字的筆劃由多到少，日期由現在到以前。

❶ 將**成交金額**的儲存格「B3」指定成 [ 數值 ]

❷ 將排名所要求得的對象儲存格範圍 [B3:B12] 指定成 [ 參照 ]

---

**範例 2** 求得時間升冪排序後的名次　　　　　RANK.EQ

求得 100 公尺賽跑時間最快到最慢排序後的名次。　　**=RANK.EQ(B3,$B$3:$B$12,1)**
　　　　　　　　　　　　　　　　　　　　　　❶　　　❷　　　❸

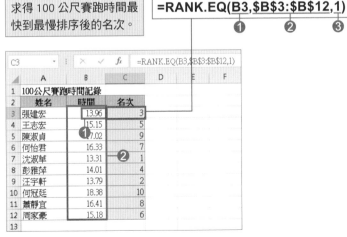

| | A | B | C | D | E | F |
|---|---|---|---|---|---|---|
| 1 | 100公尺賽跑時間記錄 | | | | | |
| 2 | 姓名 | 時間 | 名次 | | | |
| 3 | 張建宏 | 13.96 | 3 | | | |
| 4 | 王志宏 | 15.15 | 5 | | | |
| 5 | 陳淑貞 | 17.02 | 9 | | | |
| 6 | 何怡君 | 16.33 | 7 | | | |
| 7 | 沈淑華 | 13.31 | 1 | | | |
| 8 | 彭雅萍 | 14.01 | 4 | | | |
| 9 | 汪宇軒 | 13.79 | 2 | | | |
| 10 | 何冠廷 | 18.38 | 10 | | | |
| 11 | 蕭靜宜 | 16.41 | 8 | | | |
| 12 | 周家豪 | 15.18 | 6 | | | |
| 13 | | | | | | |

❶ 將**時間**的儲存格 [B3] 指定成 [ 數值 ]

❷ 將排名所要求得的對象儲存格範圍 [B3:B12] 以絕對參照指定成 [ 參照 ]

❸ 將「1」指定成 [ 排序 ]，以求得升冪排序後的順位

# 34 求得指定排名的資料

在此想先指定名次後，再求得該名次對應的資料。資料排序的方式有分為升冪和降冪，因此函數也依排序方式分成 2 個函數。

| 格式 | 分類 統計 | 2007 2010 2013 2016 |
| --- | --- | --- |

## LARGE(陣列,排序)
## SMALL(陣列,排序)

### 引數

[陣列]　　指定原來排序數值的儲存格範圍。

[排序]　　指定排名數值或儲存格。

### 範例1 從高價排序中求得前 5 名的價格　　　　　　LARGE

從問卷結果中，求得高價格的前5名。

**=LARGE($E$3:$E$102,G3)**
　　　　　　❶　　　　　　❷

❶ 將**價格**的儲存格範圍 [E3:E102] 以絕對參照的方式指定給 [ 陣列 ]

❷ 將**排名**的儲存格 [G3] 指定成 [ 排序 ]

> 🔑 **Keyword**
>
> **LARGE/SMALL**
>
> LARGE 函數是指定降冪排序的排名，然後再從指定的名次中回傳對應的值。SMALL 函數則與 LARGE 函數相反，先指定升冪排序的排名後，再回傳指定名次相對應的值。

**範例2** 求得不重複的前 5 個價格　　　　　　　　　　　　`LARGE`

從問卷結果的多個價格裡，取得前 5 個不重複的高價價格。

=COUNTIF($E$3:$E$102,H3)

❶ 利用 COUNTIF 函數，將 LARGE 函數所求的價格當成搜尋條件，以求得回答數。將儲存格範圍 [E3:E102] 以絕對參照方式指定成 [ 範圍 ]

❷ 將 LARGE 函數所回傳最高價格的儲存格 [H3] 指定成 [ 搜尋條件 ]。完成函數的輸入後，利用**自動填滿**功能，將公式往下複製到儲存格 [I7]

=LARGE($E$3:$E$102,SUM($I$3:I3)+1)

=LARGE($E$3:$E$102,SUM($I$3:I4)+1)

❸ ❹利用 SUM 函數（2-2 頁）求得到前一個名次為止回答人數的累計。為了指定累計人數的下一個名次，因此要再加「1」。

📝 **Memo**

**LARGE/SMALL 函數的問題點**

在 LARGE 函數和 SMALL 函數中，所指定的 [ 陣列 ] 若有出現重複的數值時，順位會自動往後跳。以 **範例1** 來看，回答 770 元的人數至少為 4 名。若不查詢 770 元及回答的人數，然後指定查詢到人數的下一個順位的話，就會重複顯示 770 元。

# 從各種角度來分析資料

資料個數的計算、求得合計等，想要從各個角度來分析資料時，SUBTOTAL 函數或 AGGREGATE 函數也都很好用。

| 格式 | 分類 | 數學與三角函數 | SUBTOTAL<br>AGGREGATE | 2007 2010 2013 2016<br>2007 2010 2013 2016 |
|---|---|---|---|---|

### SUBTOTAL(計算方式,參照1,[參照2]...)
### AGGREGATE(計算方式,選項,參照1,[參照2]...) 儲存格範圍形式

## 引數

[計算方式]　指定計算方式所對應的編號（請參照**表 1**）。

[參照]　　　指定計算對象的儲存格範圍。

[選項]　　　在 AGGREGATE 函數中指定。指定計算條件是以編號來指定（請參照**表 2**）。

▼ 表 1　計算方式　1 ～ 11 為共通。12 以後只有 AGGREGATE 函數可以使用。

| 計算方式 | 計算內容 | 對應函數 | 計算方式 | 計算內容 | 對應函數 |
|---|---|---|---|---|---|
| 1 | 平均 | AVERAGE | 8 | 標準差 | STDEV.P |
| 2 | 個數 | COUNT | 9 | 合計 | SUM |
| 3 | 空白以外的個數 | COUNTA | 10 | 樣本變異數 | VAR.S |
| 4 | 最大值 | MAX | 11 | 變異數 | VAR.P |
| 5 | 最小值 | MIN | 12 | 中位數 | MEDIAN |
| 6 | 積（乘法計算） | PRODUCT | 13 | 眾數 | MODE.SNGL |
| 7 | 樣本標準差 | STDEV.S | | | |

▼ 表2　AGGREGATE 函數的選項。

| 選項 | 內容 |
|---|---|
| 0（省略） | 在指定範圍內忽略利用 SUBTOTAL 函數或 AGGREGATE 函數所求得的合計值 |
| 1 | 忽略選項「0」及隱藏列 |
| 2 | 忽略選項「0」及錯誤值 |
| 3 | 包含選項「0」、「1」、「2」 |
| 4 | 不忽略，全部皆為計算的對象 |
| 5 | 忽略隱藏列 |
| 6 | 忽略錯誤值 |
| 7 | 忽略隱藏列及錯誤值 |

**範例 1** **計算資料篩選後的加總金額** SUBTOTAL

求得「活動費」的加總金額。

> 點選表格內的任一儲存格，
> 按下**資料**頁次下的**篩選**鈕
> **1**

**=SUBTOTAL(9,E5:E72)**
❶

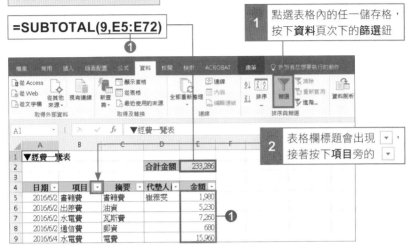

> 表格欄標題會出現 ▾ ，
> 接著按下**項目**旁的 ▾
> **2**

❶ 將合計「9」指定成 [ 計算方式 ]，將**金額**的儲存格範圍 [E5:E72] 指定成 [ 參照 ]，
 以求得合計金額

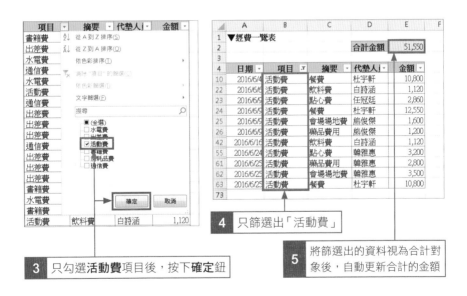

> **3** 只勾選**活動費**項目後，按下**確定**鈕

> **4** 只篩選出「活動費」

> **5** 將篩選出的資料視為合計對
> 象後，自動更新合計的金額

忽略錯誤，求得加總金額。

計算的範圍中發生錯誤

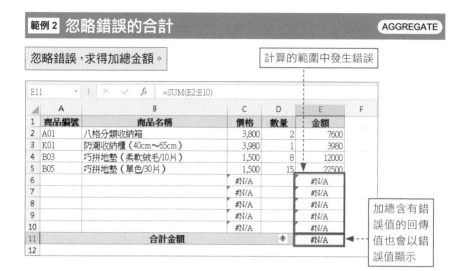

加總含有錯誤值的回傳值也會以錯誤值顯示

=AGGREGATE(9,6,E2:E10)

❶ 將合計的「9」指定成 [ 計算方式 ]

❷ 將「6」指定成 [ 選項 ]，以忽略計算範圍內所包含的錯誤值

❸ 將**金額**的儲存格範圍 [E2:E10] 指定成 [ 參照 ]

# 資料的判斷

# 36 依照條件做不同處理

「如果○○的話，就△△」。是常常可以聽到的條件表現方式，例如，拿到好成績才可以玩遊戲等。要根據條件來區分處理方式時，可以使用 IF 函數。

| 格式 | 分類 | 邏輯 | | 2007 2010 2013 2016 |
|---|---|---|---|---|

## IF(條件式,條件成立,條件不成立)

### 引數

[條件式]　　　　指定條件式。

[條件成立]　　　當 [ 條件式 ] 的結果為「TRUE」時的處理方式，可以指定值、公式或儲存格。「TRUE」是指有符合在 [ 條件式 ] 中所指定條件的情況下，所回傳的值。

[條件不成立]　　當 [條件式] 的結果為「FALSE」時的處理方式，可以指定值、公式或儲存格。「FALSE」是指不符合在[條件式]中所指定條件的情況下，所回傳的值。

### 範例1 依照成績顯示不同內容　　　　　　　　　　　　　　IF

當成績大於平均分數時，顯示「第 2 次甄試」。

=IF(B4>=$B$2,"第2次甄試","")
❶　　　　　　　❷　　❸

### 🔑 Keyword

**條件式**

條件式是指執行結果的條件值為「TRUE」或「FALSE」的公式。在 IF 函數中，會使用比較運算子所組成的比較公式或回傳值為邏輯值的函數來指定。

❶ 將用來比較「成績」及「平均成績」的「B4>=$B$2」指定成 [ 條件式 ]，以判斷分數是否高於平均成績

❷ 將「" 第 2 次甄試 "」指定成 [ 條件成立 ]

❸ 將「""」（長度為 0 的字串）指定成「條件不成立」，以空白方式顯示

---

**範例 2** 將不需要的「0」隱藏起來　　　　　　　　　　　IF

售價和數量所求得的金額為「0」時，以空白儲存格顯示。

**=SUM(E4:E700)** ❶　　**=C4*D4** ❷

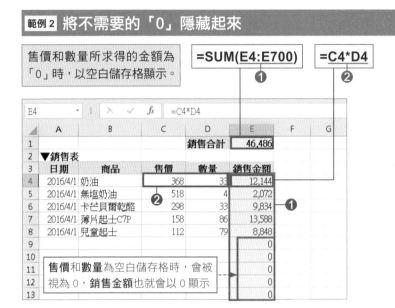

❶ 將**銷售金額**的儲存格範圍 [E4:E700] 指定成 [ 數值 1 ]，以求得銷售金額

❷ 售價 × 數量，以求得每一筆交易的銷售金額

---

**Memo**

**僅明確指定一個處理方法的情況**

遇到只有指定滿足條件的處理方式，「未滿足條件時，不執行任何動作（不做任何顯示）」時，可以用「""（2 個雙引號）」來指定。

**Memo**

**在數值儲存格中輸入字串**

在 **範例 2** 中，依照 IF 函數的結果，在**銷售金額**中輸入「長度為 0 的字串」。在處理數值的儲存格中輸入字串後，當輸入字串的儲存格有被其他公式使用時，則該公式的執行結果會出現錯誤。**範例 2** 是利用 SUM 函數來求得合計值，而 SUM 函數會忽略儲存格範圍內的字串，因此執行結果不會出現錯誤（儲存格 [E1]）。

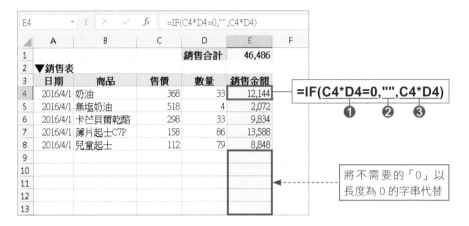

❶ 將「C4*D4=0」指定成 [ 條件式 ]，以判斷售價 × 數量的計算結果是否為 0

❷ 將「""」（ 長度為 0 的字串 ）指定成 [ 條件成立 ]

❸ 將「C4*D4」指定成 [ 條件不成立 ]，以計算出售價 × 數量的結果

## 範例3 隱藏錯誤值    `IF/VLOOKUP`

未輸入商品編號時，不要顯示其他相關訊息。

**=VLOOKUP(A6,商品清單!$A$2:$C$11,3,FALSE)**

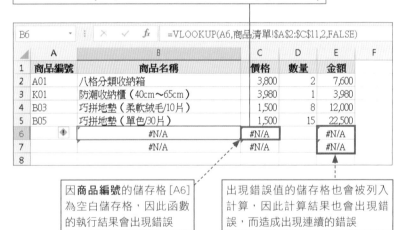

因**商品編號**的儲存格 [A6] 為空白儲存格，因此函數的執行結果會出現錯誤

出現錯誤值的儲存格也會被列入計算，因此計算結果也會出現錯誤，而造成出現連續的錯誤

**=IF($A2="",0,VLOOKUP($A2,商品清單!$A$2:$C$11,2,FALSE))**

❶ ❷ ❸

| C2 | | ▼ | : | × | ✓ | fx | =IF($A2="",0,VLOOKUP($A2,商品清單!$A$2:$C$11,3,FALSE)) | | |
|---|---|---|---|---|---|---|---|---|---|

| ▲ | A | B | C | D | E | F | G |
|---|---|---|---|---|---|---|---|
| 1 | 商品編號 | 商品名稱 | 價格 | 數量 | 金額 | | |
| 2 | A01 | 八格分類收納箱 | 3,800 | 2 | 7,600 | | |
| 3 | K01 | 防潮收納櫃（40cm～65cm） | 3,980 | 1 | 3,980 | | |
| 4 | B03 | 巧拼地墊（柔軟絨毛/10片） | 1,500 | 8 | 12,000 | | |
| 5 | B05 | 巧拼地墊（單色/30片） | 1,500 | 15 | 22,500 | | |
| 6 | | | | | | | |
| 7 | | | | | | | |
| 8 | | | | | | | |
| 9 | | | | | | | |

**=IF($A2="",0,VLOOKUP($A2,商品清單!$A$2:$C$11,3,FALSE))**

❹

❶ 選擇原來就輸入函數的儲存格「B2」，在不要刪除 VLOOKUP 函數的情況下，將輸入游標移動到「=」的右邊，然後利用鍵盤輸入「IF($A2=""」。以判斷產品編號的儲存格 [A2] 是否為空白儲存格

❷ 將「0」指定成 [ 條件成立 ]

❸ 將 VLOOKUP 函數指定成 [ 條件不成立 ]，以顯示商品編號對應的商品名稱

❹ 輸入 IF 函數的結束括弧後，按下 Enter 鍵，確定函數的輸入，然後利用**自動填滿**功能將公式複製到儲存格 [C2]，接著將 VLOOKUP 函數的 [ 欄編號 ] 變更成「3」

---

📝 **Memo**

在[條件成立]中指定「0」的理由

在 範例3 中，將「""（長度為 0 的字串）」指定成 [ 條件成立 ] 後，雖然也不會出現錯誤，但在計算「價格 × 數量」時，會出現問題。當「價格」以長度為 0 的字串輸入時，**金額**欄會因算式變成「文字字串 × 數量」，而出現「#VALUE!」錯誤。為預防出現「#VALUE!」錯誤，將「0」指定成 [ 條件成立 ]，並將儲存格的顯示格式設定成不會顯示出「0」的「#,###」。另外，即使在輸入文字資料的**商品名稱**欄位中輸入數值「0」，之後再輸入字串的話，也不會影響文字資料的顯示。

# 多項條件的判斷

想在資料中套用多個條件時,有滿足所有條件的 AND 條件及滿足任何一個條件的 OR 條件,共兩種判斷方法可套用。這裡將介紹這兩種條件判斷的函數。

| 格式 | 分類 | 邏輯 | | 2007 2010 2013 2016 |

## AND(條件式1,[條件式2]...)
## OR(條件式1,[條件式2]...)

### 引數

[條件式]　　指定條件式。條件式可以指定比較運算子的比較式、輸入在儲存格的比較式、回傳邏輯值的公式或函數。

### ■ AND 函數與 OR 函數的回傳值

AND 函數與 OR 函數的執行結果為「TRUE」或「FALSE」的其中一個邏輯值。如下圖,AND 函數會以 AND 為條件,OR 函數會以 OR 為條件來判斷。OR 條件的判斷為「FALSE」時,表示所有條件皆不成立。另外,邏輯值「TRUE」也會被稱為「真」、「條件成立」,「FALSE」則被稱為「假」、「條件不成立」。

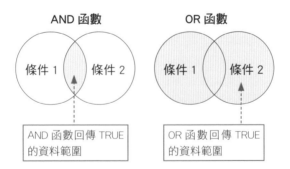

AND 函數　　　　OR 函數

條件 1　條件 2　　　條件 1　條件 2

AND 函數回傳 TRUE 的資料範圍

OR 函數回傳 TRUE 的資料範圍

**範例 1** 判斷所有的評價是否高於平均值  ( AND )

判斷每個評價是否都高於平均評價。

**=AND(B3>=$B$13,C3>=$C$13,D3>=$D$13)**
❶ ❷ ❸

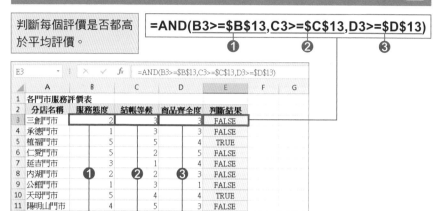

❶ 將服務態度和服務態度的「平均評價」的比較式「B3>=$B$13」指定成 [ 條件式 1]，以判斷**服務態度**評價是否有高於平均值

❷ 將「C3>=$C$13」指定成 [ 條件式 2]，以判斷**結帳等候**的評價

❸ 將「D3>=$D$13」指定成 [ 條件式 3]，以判斷**商品齊全度**的評價

---

**範例 2** 判斷是否有其中一個評價高於平均值  ( OR )

從各評價中，判斷是否有其中一個評價高於平均評價。

**=OR(B3>=$B$13,C3>=$C$13,D3>=$D$13)**
❶ ❷

❶ 將 **範例 1** 的函數名稱從「AND」變更成「OR」

❷ 引數內容則與 AND 函數相同

# 依照多項條件做不同處理

設定多個條件，然後從條件的判斷結果做不同的處理時，可以利用 IF 和 AND 函數、IF 和 OR 函數、IF 和 IF 函數等，同時利用多個函數來完成。

| 格式 | 分類 | 邏輯 | 2007 2010 2013 2016 |
| --- | --- | --- | --- |

IF(條件式,條件成立,條件不成立)
AND(條件式1,[條件式2]...)
OR(條件式1,[條件式2]...)

**引數**

IF 函數請參考 4-2 頁，AND 函數和 OR 函數請參考 4-6 頁。

### ■ 多項條件的處理方式

IF 和 IF 函數的組合，可用在要個別判斷多個條件的同時，一次處理 3 個條件以上的判斷。如下面的說明，將 IF 函數的語法當成表格，製成一個輸入條件與處理方式的簡單表格。在下面的範例中，當成績為 80 分以上，就顯示「優秀」，50 分以上就顯示「及格」，除此以外的情況則顯示「課後補導」。

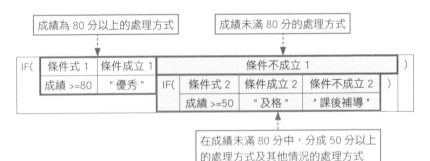

在當成 IF 函數的表格中從左邊開始依序陳述 IF 函數的內容。

**=IF(成績>=80,"優秀",IF(成績>=50,"及格","課後補導"))**

**範例 1** 所有評價皆高於平均值就顯示「表揚」 AND/IF

利用 AND 函數來判斷所有的評價是否皆大於平均值，若所有評價皆大於平均值的話，就使用 IF 函數來顯示「表揚」。

=AND(B3>=$B$13,C3>=$C$13,D3>=$D$13)
❶

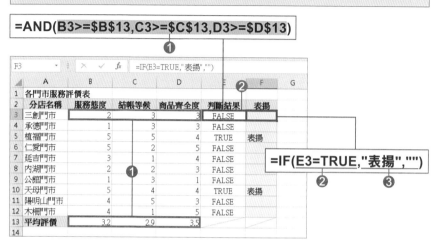

=IF(E3=TRUE,"表揚","")
❷ ❸

❶ 將服務態度、結帳等候、商品齊全度的評價與平均評價相互比較，利用 AND 函數來判斷所有的評價是否大於平均評價 (4-7 頁 )

❷ 將「E3=TRUE」指定成 IF 函數的 [ 條件式 ]，以判斷❶的執行結果是不為「TRUE」

❸ 將「" 表揚 "」指定成 [ 條件成立 ]。將「""」指定成 [ 條件不成立 ]，讓儲存格不要顯示任何訊息

將 IF 函數及 AND 函數合併成單一公式。

=IF(AND(B3>=$B$13,C3>=$C$13,D3>=$D$13),"表揚","")
❶

❶ 將輸入在儲存格 [E3] 的 AND 函數指定成 IF 函數的「條件式」。AND 函數會回傳邏輯值，因此不用輸入「=TRUE」

**範例 2** 若其中一個評價小於平均值就顯示「指導」　　　OR/IF

在三個項目的評價中，只要有其中一個小於平均評價，就顯示「指導」。

**=IF(OR(B3<$B$13,C3<$C$13,D3<$D$13),"指導","")**
　　　　❶　　　　　　　　　　　　　　❷

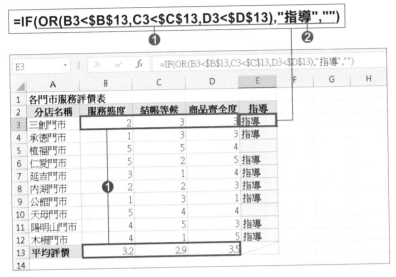

❶ 在 IF 函數的 [ 條件式 ] 中輸入 OR 函數，以判斷服務態度、結帳等候、商品齊全度的評價中是否有 1 個低於平均評價

❷ 將「"指導"」指定成 [ 條件成立 ]。將「""」指定成 [ 條件不成立 ]，讓儲存格不要顯示任何訊息

---

**📎 Memo**

**IF函數的[條件式]中不要「=TRUE」**

在 IF 函數的 [ 條件式 ] 中，要指定判斷條件結果後會回傳邏輯值的公式。雖然回傳結果的邏輯值主要都是透過比較運算子所組成的比較式居多，但若結果會直接回傳邏輯值，就無需再透過比較式。AND 函數和 OR 函數的回傳值皆為邏輯值，所以不需再特別透過「AND 函數的回傳值 =TRUE」的比較式，直接指定成 IF 函數的 [ 條件式 ] 即可。

**範例3** 依照成交金額給予不同的評價　　　IF/IF

營業成績的成交金額在 1 千萬以上，顯示「優」，500 萬以上顯示「良」，除此以外的情況則顯示「需輔導」。

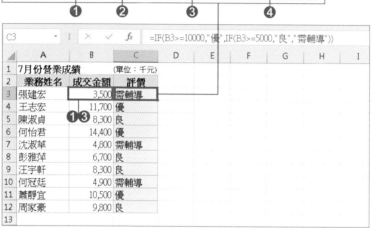

```
=IF(B3>=10000,"優",IF(B3>=5000,"良","需輔導"))
        ❶      ❷          ❸        ❹
```

❶ 將「B3>=10000」指定成外側 IF 函數的 [ 條件式 ]，以判斷**成交金額**是否大於 1 千萬元

❷ 將「"優"」指定給 [ 條件成立 ]。**成交金額**大於 1 千萬以上的資料處理到這裡結束

❸ 將 IF 函數（第 2 層）指定給 [ 條件不成立 ]。在第 2 層的 [ 條件式 ] 中輸入「B3>=5000」，以判斷**成交金額**是否大於 500 萬元

❹ 在第 2 層中，將「"良"」指定成 [ 條件成立 ]，將「"需輔導"」指定成 [ 條件不成立 ]

---

📖 **Memo**

IF 函數和 AND/OR 函數的組合

AND 函數和 OR 函數皆可同時判斷多個條件，然後再查看是 AND 條件成立或 OR 條件成立。也就是說，即使有多個條件，只要利用 AND 函數或 OR 函數，就能得到條件的單一結果，然後 IF 函數再根據單一結果分成 2 種處理方式。

# 用其他值取代計算結果為錯誤的錯誤值

雖然表格資料不完整，資料欠缺是經常會遇到的問題，但若因而造成錯誤發生的話，會讓表格看起來不美觀。這裡將介紹用訊息取代錯誤值的函數。

| 格式 | 分類 | 邏輯 | IFERROR | 2007 2010 2013 2016 |
| | | | IFNA | 2007 2010 2013 2016 |

IFNA(值,錯誤時的回傳值)
IFERROR(值,錯誤時的回傳值)
ISERROR(測試對象)

## 引數

| [值] | 指定想要判斷是否為錯誤值的值或公式。 |
| [錯誤時的回傳值] | 當 [ 值 ] 的結果為錯誤時，指定取代錯誤值所要顯示的值或儲存格。直接輸入字串時，在字串的前後要用「"（雙引號）」框住。 |
| [測試對象] | 指定想要判斷是否為錯誤值的值或公式。 |

### 範例1 避開 [#N/A] 錯誤值     IFERROR/IFNA

當成績為空白時，在「排名」欄顯示「缺考」。

**=RANK.EQ(B3,$B$3:$B$11)**
❶

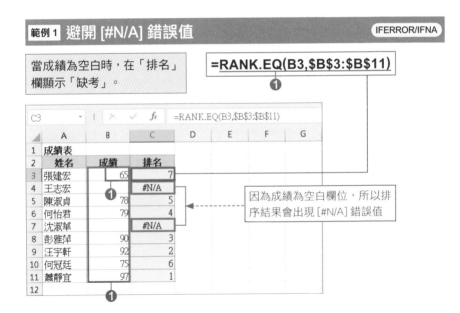

因為成績為空白欄位，所以排序結果會出現 [#N/A] 錯誤值

❶ 利用 RANK.EQ 函數（在 Excel 2007 前為 RANK 函數）在輸入分數的儲存格範圍 [B3:B11] 間，以個人分數做比較，求得分數由高到低的名次。

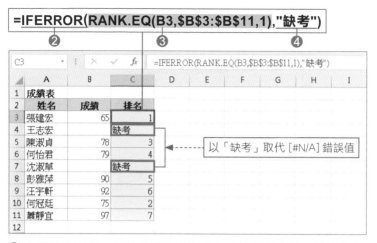

=IFERROR(**RANK.EQ(B3,$B$3:$B$11,1)**,**"缺考"**)
　　❷　　　　　　　　❸　　　　　　　❹

❷ 在輸入 RANK.EQ 函數的儲存格 [C3] 上雙按滑鼠左鍵，然後在「=」之後輸入「IFERROR(」

❸ 將 RANK.EQ 函數指定成 IFERROR 函數的 [ 值 ]

❹ 為了將「"缺考"」指定成 [ 錯誤時的回傳值 ]，所以在 RANK.EQ 函數後面加上「,"缺考")」後，利用**自動填滿**功能將公式往下複製

利用 IFNA 函數置換。 =IFNA(**RANK.EQ(B3,$B$3:$B$11,1)**,**"缺考"**)
　　　　　　　　　　　　❶

❶ 當錯誤值的類型為 [#N/A] 時，IFNA 函數可以取代 IFERROR 函數。只要將函數名稱從「IFERROR」變更成「IFNA」即可

本期／前期的計算結果為錯誤時，以「--」顯示。

**=C3/B3**
❶

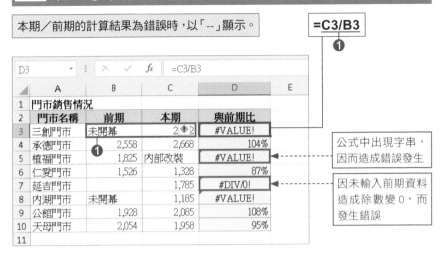

❶ 利用本期銷售額的儲存格 [C3] 及前期銷售額的儲存格 [B3]，輸入「=C3/B3」以計算前期比

利用 IFERROR 函數。

**=IFERROR(C3/B3,"--")**
❷　　❸　❹

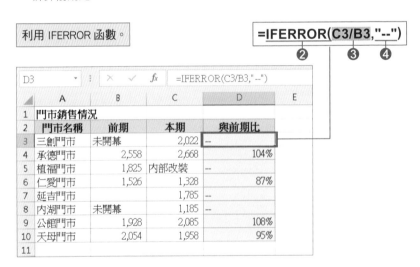

❷ 在儲存格 [D3] 上雙按滑鼠左鍵，切換成編輯模式，然後在公式「=」的後面輸入「IFERROR(」

❸ 將求得前期比的公式指定成 IFERROR 函數的 [ 值 ]

❹ 輸入「,」（逗號），在 [ 錯誤時的回傳值 ] 中輸入「"--"」。最後再輸入 IFERROR 函數的「）」（結束括弧）後，按下 Enter 鍵確定函數的輸入

利用 IF ／ ISERROR 函數。

**=ISERROR(C3/B3)**
❶

| D3 | ▼ | ⋮ | × | ✓ | fx | =ISERROR(C3/B3) | |
|---|---|---|---|---|---|---|---|

| ▲ | A | B | C | D | E | F |
|---|---|---|---|---|---|---|
| 1 | 門市銷售情況 | | | | | |
| 2 | **門市名稱** | **前期** | **本期** | **與前期比** | | |
| 3 | 三創門市 | 未開幕 | 2,022 | TRUE | | |
| 4 | 承德門市 | 2,558 | 2,668 | FALSE | | |
| 5 | 植福門市 | 1,825 | 內部改裝 | TRUE | | |
| 6 | 仁愛門市 | 1,526 | 1,328 | FALSE | | |
| 7 | 延吉門市 | | 1,785 | TRUE | | |
| 8 | 內湖門市 | 未開幕 | 1,185 | TRUE | | |
| 9 | 公館門市 | 1,928 | 2,085 | FALSE | | |
| 10 | 天母門市 | 2,054 | 1,958 | FALSE | | |
| 11 | | | | | | |

❶ 利用本期銷售額的儲存格 [C3] 及前期銷售額的儲存格 [B3]，將「C3/B3」指定
成 [ 測試對象 ]

**=IF(ISERROR(C3/B3),"--",C3/B3)**
❷　　　　　❸　　❹

| D3 | ▼ | ⋮ | × | ✓ | fx | =IF(ISERROR(C3/B3),"--",C3/B3) | |
|---|---|---|---|---|---|---|---|

| ▲ | A | B | C | D | E | F |
|---|---|---|---|---|---|---|
| 1 | 門市銷售情況 | | | | | |
| 2 | **門市名稱** | **前期** | **本期** | **與前期比** | | |
| 3 | 三創門市 | 未開幕 | 2,022 | -- | | |
| 4 | 承德門市 | 2,558 | 2,668 | 104% | | |
| 5 | 植福門市 | 1,825 | 內部改裝 | -- | | |
| 6 | 仁愛門市 | 1,526 | 1,328 | 87% | | |
| 7 | 延吉門市 | | 1,785 | -- | | |
| 8 | 內湖門市 | 未開幕 | 1,185 | -- | | |
| 9 | 公館門市 | 1,928 | 2,085 | 108% | | |
| 10 | 天母門市 | 2,054 | 1,958 | 95% | | |
| 11 | | | | | | |

❷ 將 ❶ 的 ISERROR 函數指定成 IF 函數的 [ 判斷式 ]

❸ 將「--」指定成 [ 條件成立 ]，以取代錯誤值的顯示

❹ 將「C3/B3」指定成 [ 條件不成立 ]。「C3/B3」是 ISERROR 函數的測試算式

> **Memo**
>
> 要區分成兩種處理方法時，要使用 IF 函數和 ISERROR 函數
>
> 若只是單純不要顯示出錯誤值時，雖然可以使用 IFERROR 函數，但若要在判斷錯
> 誤後分成兩種處理方式時，就無法使用 IFERROR 函數。想要分成兩種處理方式時，
> 要利用 **範例 2** 的方法，使用 IF 函數及 ISERROR 函數的組合。

# Unit 40 判斷兩筆資料是否相同

在輸入資料時，為確保資料的正確性，讓相同資料輸入 2 次，以比較輸入的資料及整體的確認。要確認資料的整合性時，可以利用 EXACT 函數及 DELTA 函數來完成。

| 格式 | 分類 | EXACT：文字／DELTA：工程 | 2007 2010 2013 2016 |
|---|---|---|---|

**EXACT(字串1,字串2)**
**DELTA(數值1,[數值2])**

## 引數

[字串 1]、[字串2]　　　指定字串或字串儲存格。在引數表中直接輸入字串時，在字串的前後要用「"（雙引號）」框住。

[數值1]、[數值2]　　　指定數值或數值儲存格。當省略 [數值 2] 時，會與「0」比較。

---

**範例 1 判斷輸入資料與確認資料是否一致**　　　　EXACT

判斷資料是否正確輸入。　　　　=EXACT(B6,B7)

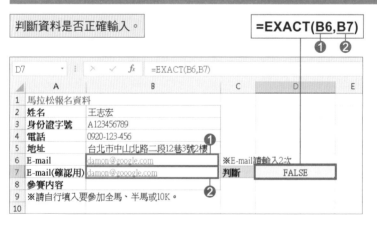

❶ 將輸入在儲存格 [B6] 的 E-mail 指定給 [ 字串 1]

❷ 將輸入在儲存格 [B7] 的 E-mail（確認用）指定給 [ 字串 2]

**範例 2** 當輸入與確認資料不同時，顯示訊息來提醒　　`IF/EXACT`

兩筆資料不相同時，以訊息顯示。

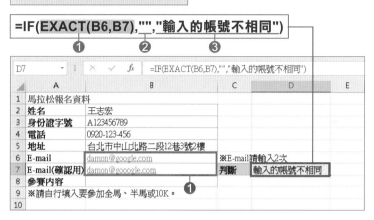

**=IF(EXACT(B6,B7),"","輸入的帳號不相同")**
　　　　❶　　　　❷　　　　❸

❶ 將 **範例 1** 中的 EXACT 函數指定成 IF 函數的 [ 條件式 ]

❷ 將「""」指定給 [ 條件成立 ]，EXACT 函數的回傳值為「TRUE」時，表示輸入的兩筆資料內容相同，因此不用顯示任何訊息內容

❸ 將「" 輸入的帳號不相同 "」指定給 [ 條件不成立 ]，EXACT 函數的回傳值為「FALSE」時，所要顯示的訊息內容

**範例 3** 判斷彩券是否有中獎　　`DELTA`

比較各獎項的號碼與購入彩券的號碼。

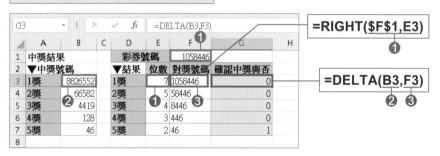

**=RIGHT($F$1,E3)**
❶

**=DELTA(B3,F3)**
❷ ❸

❶ 利用 RIGHT 函數，從購買彩券號碼的儲存格「F1」中取出從右邊算起的 2 位數～7 位數，以製作出與中獎號碼相對應的號碼

❷ 將 1 獎中獎號碼的儲存格 [B3] 指定成 [ 數值 1]

❸ 將 1 獎比較號碼的儲存格 [F3] 指定成 [ 數值 2]

**=IF(DELTA(B3,F3),"恭禧！","")**
❶　　　　　　　　❷

| G3 | ▾ : × ✓ fx | =IF(DELTA(B3,F3),"恭禧！","") | | | | | |
|---|---|---|---|---|---|---|---|
| ▲ | A | B | C | D | E | F | G | H |

| | A | B | C | D | E | F | G | H |
|---|---|---|---|---|---|---|---|
| 1 | 中獎結果 | | | 彩券號碼 | | 1058446 | | |
| 2 | ▼中獎號碼 | | | ▼結果 | 位數 | 對獎號碼 | 確認中獎與否 | |
| 3 | 1獎 | 8826552 | | 1獎 | 7 | 1058446 | | |
| 4 | 2獎 | 66582 | | 2獎 | 5 | 58446 | | |
| 5 | 3獎 | 4419 | | 3獎 | 4 | 8446 | | |
| 6 | 4獎 | 128 | | 4獎 | 3 | 446 | | |
| 7 | 5獎 | 46 | | 5獎 | 2 | 46 | 恭禧！ | |
| 8 | | | | | | | | |

❶ 將上頁的 DELTA 函數指定成 IF 函數的 [ 條件式 ]

❷ 將「" 恭禧！"」指定成 [ 條件成立 ]，「""」指定成 [ 條件不成立 ]

---

**✐ Memo**

IF 函數的 [ 條件式 ] 與 DELTA 函數的回傳值

對於 IF 函數的 [ 條件式 ] 的回傳值為邏輯值來說，DELTA 函數的回傳值為 1 或 0。
但是，在 IF 函數中，1 為「TRUE」、0 為「FALSE」，因此 DELTA 函數可以當成
IF 函數的 [ 條件式 ]。

---

**✐ Memo**

判斷資料的函數

雖然 EXACT/DELTA 函數可以判斷 2 筆資料內容是否相同，但在 Excel 中，有提供
用來判斷資料的函數。判斷結果皆為邏輯值。這些函數的總稱為 IS 函數。

| ISBLANK | 判斷指定的儲存格是否為空白儲存格 |
|---|---|
| ISERR | 判斷指定的儲存格或值是否為 [#N/A] 以外的錯誤值 |
| ISERROR | 判斷指定的儲存格或值是否為 [#####] 除外的錯誤值 |
| ISLOGICAL | 判斷指定的儲存格或值是否為邏輯值 |
| ISNA | 判斷指定的儲存格或值是否為 [#N/A] |
| ISTEXT | 判斷指定的儲存格或值是否為字串 |
| ISNONTEXT | 判斷指定的儲存格或值是否為非字串 |
| ISNUMBER | 判斷指定的儲存格或值是否為數值 |
| ISREF | 判斷指定的儲存格或值是否為參照 |
| ISFORMULA | 判斷指定的儲存格內容是否為公式 |

第 **5** 章

# 日期與時間的計算

# Unit

# 41 用「序列值」計算日期／時間

在 Excel 中，日期或時間是利用「序列值」的數值在管理。這裡將說明被當成日期或時間的序列值之計算基礎，及利用序列值計算出的日期或時間。

## ■ 日期的序列值

日期的序列值將 1900 年 1 月 1 日當成「1」，隔天為「2」以此類推，依照日期順序分配連續的整數。日期的序列值設定到 9999 年 12 月 31 日。序列值編號會依日期順序分配，因此計算日期時，不需要在意月份的最後一天為 30 日、31 日或潤年。

在儲存格中輸入日期後，資料也會以日期格式顯示，日期的計算結果大部分也會以日期格式顯示。雖然日期是透過序列值計算，但序列值不會顯示在儲存格中，因此不會讓人認為是序列值，而是日期的計算。

## ■ 時間的序列值

時間的序列值則是將 24 小時以 0.0~1.0 之間的小數來表示。以當天午夜 0 時 0 分 0 秒的「0.0」為開始，一直到隔天午夜 0 時 0 分 0 秒的「1.0」。「1.0」的整數部分「1」表示 1 天，也就是以日為單位往上增加。

```
0:00:00      12:00:00      24:00:00      36:00:00      48:00:00
├─────────────┼─────────────┼─────────────┼─────────────┤
0.0           0.5           1.0           1.5           2.0
```

如上圖，以每 24 小時整數部分 1 天 1 天的往上增加，時間就會重新設定成「0.0」。

**範例1 求得指定天數後的日期**

求得兩星期後的日期。

=B1+B2

顯示 14 天後的日期

**範例2 求得兩個日期之間的天數**

計算到歸還預定日為止所剩的天數。

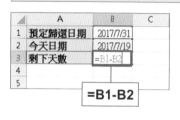

=B1-B2

顯示到歸還日為止還有 12 天

---

**Memo**

會被視為日期的值

在 Excel 中，使用「/（斜線）」、「-（連接號）」、「年月日」、「.（句號）」輸入時，會被當成日期。在確定資料輸入後，有時會自動被設定成其他格式。另外，省略日期只輸入年和月時，日期會被設定成該月的 1 日，省略年的輸入，只輸入月日時，年會被設定成資料輸入時的年。

| | A | B | C |
|---|---|---|---|
| 1 | 輸入格式 | 確定輸入後的顯示方式 | |
| 2 | 2017/10/15 | 2017/10/15 | |
| 3 | 10/1 | 10月1日 | |
| 4 | 10/15 | 10月15日 | |
| 5 | 2017-12-25 | 2017/12/25 | |
| 6 | 2017-10 | Oct-17 | |
| 7 | 10-15 | 10月15日 | |
| 8 | 2017年10月15日 | 2017年10月15日 | |
| 9 | 15-Oct-2017 | 15-Oct-17 | |
| 10 | 15-Oct | 15-Oct | |
| 11 | | | |

## 範例 3 求得幾小時後的時間

求得 3 小時後的時間。 =B1+B2/24

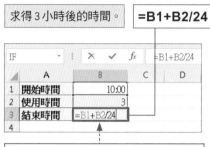

將 3 小時除以 24 以轉換成相對的序列值

顯示 3 小時後的時間

## 範例 4 求得經過的時間

利用上、下班時間計算出工作時間。

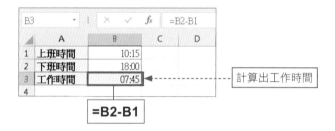

計算出工作時間

=B2-B1

### Memo

會被視為時間資料的值

在 Excel 中，使用「:（冒號）」、「時分秒」、「am（AM）」、「pm（PM）」輸入時，會被當成時間資料。若省略秒的輸入時，則會被設定成 0 秒。

| | A | B | C |
|---|---|---|---|
| 1 | 輸入格式 | 確定輸入後的顯示方式 | |
| 2 | 10時15分 | 10時15分 | |
| 3 | 10時15分30秒 | 10時15分30秒 | |
| 4 | 10:15:30 | 10:15:30 | |
| 5 | 10:15 am | 10:15 AM | |
| 6 | 10:15 pm | 10:15 PM | |
| 7 | | | |

**範例 5** 超過 24 小時的時間顯示方式

計算三天出勤時間的加總。

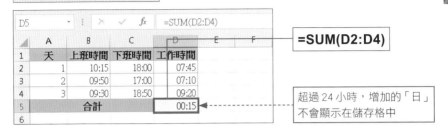

=SUM(D2:D4)

超過 24 小時，增加的「日」不會顯示在儲存格中

[h]:mm

輸入 [h]:mm 後，按下**確定**鈕

顯示跨 24 小時後的時間

# 42 顯示今天的日期及時間

透過 Excel 的 TODAY 函數及 NOW 函數,可以取得電腦系統的日期與時間,然後在指定的儲存格中顯示今天的日期及時間。

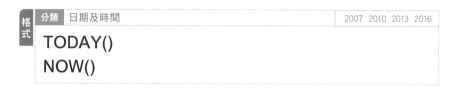

| 格式 | 分類 | 日期及時間 | | 2007 2010 2013 2016 |
|---|---|---|---|---|

**TODAY()**

**NOW()**

### 引數

沒有引數　雖然不用指定任何引數,但「( )」不可以省略。另外,若在引數中指定任何值或儲存格,反而會出現錯誤,因此,請不要在引數中做任何輸入。

---

#### ■ 日期和時間的顯示格式

TODAY 函數及 NOW 函數輸入的顯示格式,如下圖。

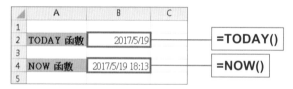

想要以民國年顯示日期或只顯示時間時,可以變更儲存格的顯示格式。下圖的範例,將利用 NOW 函數輸入的顯示格式,設成只顯示時間。日期也一樣可以變更。

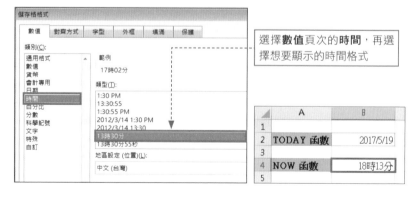

選擇**數值**頁次的**時間**,再選擇想要顯示的時間格式

**範例 1** 顯示請款日　　　　　　　　　　　　　　　　TODAY

在請款單的請款日中，顯示今天的日期。

**=TODAY()**
**❶**

❶ 在請款日的儲存格 [D3] 中輸入「=TODAY()」

**範例 2** 求得到目標日為止的天數　　　　　　　　　　NOW

計算到東京奧運開幕典禮為止，還剩下多少天數。

**=INT("2020/7/24 20:00"-NOW())**
**❸**　　　　　　　　**❶**　　　　**❷**

❶ 直接輸入目標日的日期與時間。日期與時間直接在引數中輸入的情況下，請用「"（雙引號）」框住

❷ 求得今天的日期和時間。然後將❶減❷後，就能求得到目標日為止還剩下多少天數

❸ 捨去小數點，也就是時間的部分後，即可求得剩下天數

💡 **Hint**

輸入今天日期的值

雖然 TODAY 函數會顯示函數輸入時的日期，但當第二天重新開啟檔案後，日期會被更新成隔天的日期。若日期不想被更新的話，請直接輸入日期。或同時按下 Ctrl + ; （分號）鍵，也能直接輸入今天的日期。

# 43 從日期中分別取出年、月、日

利用 YEAR、MONTH、DAY 函數，可以從日期中分別取出年、月、日的數值。
例如，想要製作某個月的行程表時，可以使用 MONTH 函數取出月份。

| 格式 | 分類 | 日期及時間 | 2007 2010 2013 2016 |
|---|---|---|---|

### YEAR(序列值)
### MONTH(序列值)
### DAY(序列值)

## 引數

[序列值] 　指定輸入日期的儲存格或直接輸入日期。直接指定日期資料時，日期的前後要用「"（雙引號）」框住。

### 範例1 求得當月月份　　　　　　　　　　　　　MONTH/TODAY

求得行程表的本月月份。　　　　　　**=MONTH(TODAY())**
❶

❶ 利用 TODAY 函數求得今天的日期後，再從今天的日期取得月份

### ✎Memo

從序列值轉換成數值

不論是 YEAR、MONTH 或 DAY 函數，都是將序列值指定成引數，結果則以數值回傳。也就是說，將序列值轉換成數值的函數。

**範例 2** 求得入會年份

YEAR

從「入會日期」中求得入會年。

**=YEAR(B3)** ❶

| | A | B | C | D | E |
|---|---|---|---|---|---|
| 1 | 會員資料 | | | | |
| 2 | 姓名 | 入會日期 | 入會年 | | |
| 3 | 張建宏 | 2000/6/8 | 2000 | | |
| 4 | 王志宏 | 2000/6/8 | 2000 | | |
| 5 | 陳淑貞 | 2000/6/8 | 2000 | | |
| 6 | 何怡君 | 2001/2/10 | 2001 | | |
| 7 | 沈淑華 | 2001/2/15 | 2001 | | |
| 8 | 彭雅萍 | 2001/3/2 | 2001 | | |
| 9 | 汪宇軒 | 2001/3/10 | 2001 | | |

C3 的 fx =YEAR(B3)

❶ 將輸入**入會日期**的儲存格 [B3] 指定成 [ 序列值 ]

---

**範例 3** 判斷購買日期是否已過結帳日

DAY/MONTH/IF

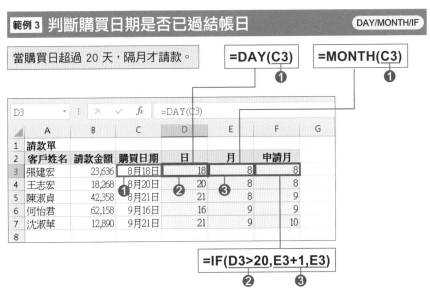

當購買日超過 20 天，隔月才請款。

**=DAY(C3)** ❶　　　**=MONTH(C3)** ❶

| | A | B | C | D | E | F | G |
|---|---|---|---|---|---|---|---|
| 1 | 請款單 | | | | | | |
| 2 | 客戶姓名 | 請款金額 | 購買日期 | 日 | 月 | 申請月 | |
| 3 | 張建宏 | 23,636 | 8月18日 | 18 | 8 | 8 | |
| 4 | 王志宏 | 18,268 | 8月20日 | 20 | 8 | 8 | |
| 5 | 陳淑貞 | 42,358 | 8月21日 | 21 | 8 | 9 | |
| 6 | 何怡君 | 62,158 | 9月16日 | 16 | 9 | 9 | |
| 7 | 沈淑華 | 12,890 | 9月21日 | 21 | 9 | 10 | |
| 8 | | | | | | | |

D3 的 fx =DAY(C3)

**=IF(D3>20,E3+1,E3)** ❷　❸

❶ 將輸入**購買日期**的儲存格 [C3] 指定成 DAY 及 MONTH 函數的 [ 序列值 ]，以求得購買日的「日」和「月」

❷ 在 IF 函數的 [ 條件式 ] 中輸入「D3>20」，利用 DAY 函數來判斷求得的日期是否超過 20 日

❸ 將「E3+1」指定成 [ 條件成立 ]，日期超過 20 日的情況下，就調整成隔月。將「E3」指定成 [ 條件不成立 ]，日期未超過 20 日的情況下，就直接顯示利用 MONTH 函數求得的月份

# 從時間中分別取出時、分、秒

時間序列值的 24 小時用「1.0」表示，要計算薪資等資料時，需將時間資料轉換成數值。這裡將取出時間的時、分、秒。

| 格式 | 分類 | 日期及時間 | 2007 2010 2013 2016 |
|---|---|---|---|

**HOUR(序列值)**
**MINUTE(序列值)**
**SECOND(序列值)**

**引數**

[序列值]　　指定輸入時間的儲存格或直接輸入時間資料。直接指定時間資料時，時間的前後要用「"（雙引號）」框住。

■ **時間資料的增加**

時間的分和秒其範圍為 0 ～ 59，當變成 60 時，「分」就會進位成「時」，「秒」會進位成「分」，然後分和秒又會回到 0。相同的，時間的「時」也只有 0 時到 23 時，變成 24 時，就會進位成 1「天」，然後「時」又會回到 0。HOUR、MINUTE、SECOND 函數也是同樣的動作。以下將顯示經過時間套用 3 個函數後的結果。以便了解「時」超過 24 小時，「分（秒）」超過 60 分（秒）的進位方式。另外，在儲存格 [A3] 輸入 DAY 函數，可以取得日。

▼ **時間的進位**

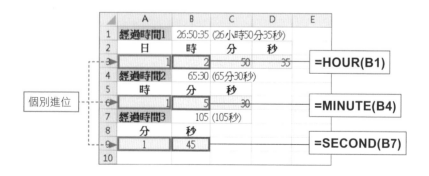

## 範例 1 求得工作時間及支付薪資　　HOUR/MINUTE

分別從工作時間中取出時與分。　　**=HOUR(D6)** ❶　　**=MINUTE(D6)** ❶

| | E6 | ▾ | ⋮ | ✕ | ✓ | ƒx | =HOUR(D6) | |
|---|---|---|---|---|---|---|---|---|
| ▲ | A | B | C | D | E | F | G | |
| 1 | 打工出勤表 | | | 2016年8月份 | | | | |
| 2 | 姓名 | 張建宏 | | 支付金額 | | $4,600 | | |
| 3 | 時薪 | $150 | | | | | | |
| 4 | | | | | 給薪計算欄 | | | |
| 5 | 日期 | 上班 | 下班 | 工作時間 | 時 | 分 | | |
| 6 | 1 | 16:30 | 21:30 | 5:00 | 5 | 0 | | |
| 7 | 5 | 17:00 | 21:20 | 4:20 | 4 | 20 | | |
| 8 | 8 | 17:30 | 21:50 | 4:20 | 4 | 20 | | |
| 9 | 11 | 17:00 | 20:50 | 3:50 | 3 | 50 | | |
| 10 | 15 | 16:30 | 20:40 | 4:10 | 4 | 10 | | |
| 11 | 21 | 17:10 | 21:30 | 4:20 | 4 | 20 | | |
| 12 | 28 | 16:40 | 21:20 | 4:40 | 4 | 40 | | |
| 13 | | 合計 | | 6:40 | 28 | 160 | | |

❶ 將輸入**工作時間**的儲存格 [D6] 指定成 HOUR 及 MINUTE 函數的 [ 序列值 ]，以求得工作時間的「時」和「分」

從合計時間求得支付薪資。

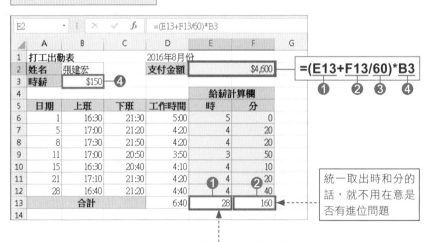

| | E2 | ▾ | ⋮ | ✕ | ✓ | ƒx | =(E13+F13/60)*B3 | |
|---|---|---|---|---|---|---|---|---|
| ▲ | A | B | C | D | E | F | G | |
| 1 | 打工出勤表 | | | 2016年8月份 | | | | |
| 2 | 姓名 | 張建宏 | | 支付金額 | | $4,600 | | |
| 3 | 時薪 | $150 | ❹ | | | | | |
| 4 | | | | | 給薪計算欄 | | | |
| 5 | 日期 | 上班 | 下班 | 工作時間 | 時 | 分 | | |
| 6 | 1 | 16:30 | 21:30 | 5:00 | 5 | 0 | | |
| 7 | 5 | 17:00 | 21:20 | 4:20 | 4 | 20 | | |
| 8 | 8 | 17:30 | 21:50 | 4:20 | 4 | 20 | | |
| 9 | 11 | 17:00 | 20:50 | 3:50 | 3 | 50 | | |
| 10 | 15 | 16:30 | 20:40 | 4:10 | 4 | 10 | | |
| 11 | 21 | 17:10 | 21:30 | 4:20 | 4 | 20 | | |
| 12 | 28 | 16:40 | 21:20 | 4:40 | 4 | 40 | | |
| 13 | | 合計 | | 6:40 | 28 | 160 | | |
| 14 | | | | | | | | |

**=(E13+F13/60)*B3** ❶ ❷ ❸ ❹

統一取出時和分的話，就不用在意是否有進位問題

❶ 從各工作時間取出**時**的合計值

❷ 從各工作時間取出**分**的合計值

❸ 將**分**除以 60，以轉換成**時**

❹ 與時薪相乘，以求得金額

單純以工作時間計算合計的話，時間就無法顯示超過 1 天

# Unit 45 利用年、月、日三個數值製作日期資料

輸入日期，有時會覺得要輸入「/」、「-」很麻煩。以下將介紹利用年、月、日 3 個數值製作成日期 ( 序列值 ) 的 DATE 函數。

| 格式 | 分類 | 日期及時間 | 2007 2010 2013 2016 |
|---|---|---|---|

### 格式

**分類** 日期及時間　　2007 2010 2013 2016

## DATE(年,月,日)

### 引數

| [年] | 輸入與日期「年」相對應數值「1900」～「9999」的整數。 |
|---|---|
| [月] | 輸入與日期「月」相對應數值「1」～「12」的整數。 |
| [日] | 輸入與日期「日」相對應數值「1」～「月底」的整數。 |

### ■ 調整日期

DATE 函數所指定的 [ 年 ]、[ 月 ]、[ 日 ]，除了指定上述的數值範圍外，即使指定其他數值 ( 例如：超過 1 個月的天數 ) 日期也能自動調整。如下圖，以第 2 列的「年」、「月」、「日」數值為基準，計算 45 天後、3 個月後、1 年前的日期範例。45 天後的情況下，單純以計算來看會變成「2016/10/46」，但 31 日後會往下個月進位，變成 11 月，因此會顯示「2016/11/15」，3 個月後也是利用相同方法，「13 (10+3)」月被調整成隔年 1 月。

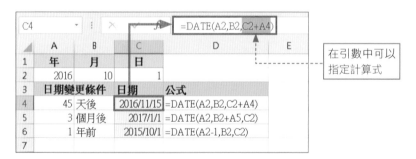

在引數中可以指定計算式

## 範例1　求得隔月月底的日期　　`DATE`

從請款日中求得隔月月底的支付日。

$$=DATE(B4,C4+2,1)-1$$
❶❷❸❹

| F4 | | : | × | ✓ | fx | =DATE(B4,C4+2,1)-1 | | |
|---|---|---|---|---|---|---|---|---|
| | A | B | C | D | E | F | G | H |
| 1 | 支付管理 | | | | | | | |
| 2 | 姓名 | 請款日期 | | | 請款金額 | 支付日期 | 支付狀況 | |
| 3 | | 年 | 月 | 日 | | | | |
| 4 | 張建宏 | 2016 | 5 | 18 | 43,800 | 2016/6/30 | 已付款 | |
| 5 | 王志宏 | 2016 | 6 | 1 | 74,900 | 2016/7/31 | 已付款 | |
| 6 | 陳淑貞 | 2016 | 6 | 16 | 69,000 | 2016/7/31 | 已付款 | |
| 7 | 何怡君 | 2016 | 6 | 20 | 48,800 | 2016/7/31 | 已付款 | |
| 8 | 沈淑華 | 2016 | 6 | 30 | 39,400 | 2016/7/31 | 已付款 | |
| 9 | 彭雅萍 | 2016 | 7 | 2 | 43,200 | 2016/8/31 | | |
| 10 | 汪宇軒 | 2016 | 7 | 10 | 78,000 | 2016/8/31 | | |
| 11 | 何冠廷 | 2016 | 7 | 15 | 54,800 | 2016/8/31 | | |
| 12 | 蕭靜宜 | 2016 | 7 | 31 | 41,400 | 2016/8/31 | | |

❶ 將**請款日期**的「年」儲存格 [B4] 指定成 [ 年 ]

❷ 將**請款日期**的「月」儲存格 [C4] 加上隔月的「2」後指定給 [ 月 ]

❸ 將「1」指定給 [ 日 ]。求得請款日 2 個月後的 1 日

❹ 從 2 個月後的 1 日中減掉 1 日，即可求得請款日期的隔月月底日期

## 範例2　求得上個月的 1 日　　`DATE/YEAR/MONTH`

求得有效期限日的上個月 1 日。

$$=DATE(YEAR(B3),MONTH(B3)-1,1)$$
❶　　　　　　❷　　❸❹

| | A | B | C | D | E |
|---|---|---|---|---|---|
| 1 | 會員管理 | | | | |
| 2 | 姓名 | 有效期限 | 開始接受更新日 | 更新情況 | |
| 3 | 張建宏 | 2016/5/11 | 2016/4/1 | 已更新 | |
| 4 | 王志宏 | 2016/6/8 | 2016/5/1 | 已更新 | |
| 5 | 陳淑貞 | 2016/6/15 | 2016/5/1 | 已更新 | |
| 6 | 何怡君 | 2016/6/18 | 2016/5/1 | 已更新 | |
| 7 | 沈淑華 | 2017/2/19 | 2017/1/1 | | |
| 8 | 彭雅萍 | 2017/3/21 | 2017/2/1 | | |
| 9 | 汪宇軒 | 2017/4/14 | 2017/3/1 | | |
| 10 | 何冠廷 | 2017/4/18 | 2017/3/1 | | |
| 11 | 蕭靜宜 | 2017/5/24 | 2017/4/1 | | |
| 12 | | | | | |

❶ 將**有效期限**的儲存格 [B3] 指定成 YEAR 函數的 [ 序列值 ]，從日期資料中求得「年」數值，然後再指定給 DATE 函數的 [ 年 ]

❷ 將**有效期限**的儲存格 [B3] 指定成 MONTH 函數的 [ 序列值 ]，從日期資料中求得「月」數值，然後再指定給 DATE 函數的 [ 月 ]

❸ 因為要求得上個月，因此將❷的月份數減 1

❹ 將「1」指定給 DATE 函數的 [ 日 ]

# 利用時、分、秒三個數值製作時間資料

當時間資料分別將時、分、秒輸入到不同儲存格時，可以使用 TIME 函數以「:（分號）」區分製作時間資料。

| 格式 | 分類 | 日期及時間 | | 2007 2010 2013 2016 |
| --- | --- | --- | --- | --- |

## TIME(時,分,秒)

### 引數

[時]　　輸入與時間的「時」相對應數值「0」～「23」的整數。

[分]　　輸入與時間的「分」相對應數值「0」～「59」的整數。

[秒]　　輸入與時間的「秒」相對應數值「0」～「59」的整數。

### ■ 調整時間

TIME 函數所指定的 [ 時 ]、[ 分 ]、[ 秒 ]，除了指定上述的數值範圍外，即使指定其他數值（例如：超過 60 分的值）時間也能自動調整。如下圖，以第 2 列的「時」、「分」、「秒」數值為基準，計算 5 分後、50 秒後、21 小時後的時間範例。5 分後的情況下，單純以計算來看會變成「3:63:35」，但 60 分會進位成 1 小時，因此會顯示「4:03:35」。其他調整方式皆相同。

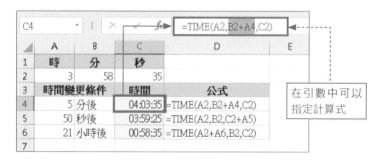

**範例 1** 求得扣除休息時間的總工時 `TIME`

求得扣除 1 小時休息時間後的總工時。

**=C6-B6-TIME(1,0,0)**
❶ ❷

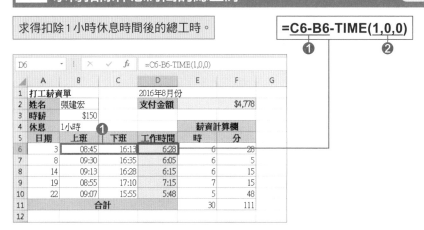

| | A | B | C | D | E | F | G |
|---|---|---|---|---|---|---|---|
| 1 | 打工薪資單 | | | 2016年8月份 | | | |
| 2 | 姓名 | 張建宏 | | 支付金額 | | $4,778 | |
| 3 | 時薪 | $150 | | | | | |
| 4 | 休息 | 1小時 | | | | 薪資計算欄 | |
| 5 | 日期 | 上班 | 下班 | 工作時間 | 時 | 分 | |
| 6 | 3 | 08:45 | 16:13 | 6:28 | 6 | 28 | |
| 7 | 8 | 09:30 | 16:35 | 6:05 | 6 | 5 | |
| 8 | 14 | 09:13 | 16:28 | 6:15 | 6 | 15 | |
| 9 | 19 | 08:55 | 17:10 | 7:15 | 7 | 15 | |
| 10 | 22 | 09:07 | 15:55 | 5:48 | 5 | 48 | |
| 11 | | 合計 | | | 30 | 111 | |
| 12 | | | | | | | |

D6 儲存格 fx =C6-B6-TIME(1,0,0)

❶ **下班**時間減**上班**時間，求得從上班到下班之間的工作時間

❷ 將「1」指定給 TIME 函數的 [ 時 ]，將「0」指定給 [ 分 ] 和 [ 秒 ]，產生 1 小時的時間資料，然後從❶的時間減掉這 1 小時

**範例 2** 計算「使用時間」的進位／捨去 `TIME/CEILING/FLOOR`

進入會議室時間以 15 分為單位捨去，出會議室時間以 15 分為單位進位。

**=FLOOR(C3,TIME(0,15,0))**
❶ ❸

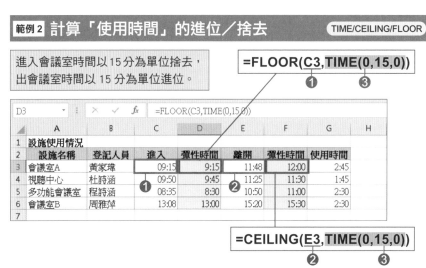

| | A | B | C | D | E | F | G | H |
|---|---|---|---|---|---|---|---|---|
| 1 | 設施使用情況 | | | | | | | |
| 2 | 設施名稱 | 登記人員 | 進入 | 彈性時間 | 離開 | 彈性時間 | 使用時間 | |
| 3 | 會議室A | 黃家瑋 | 09:15 | 9:15 | 11:48 | 12:00 | 2:45 | |
| 4 | 視聽中心 | 杜詩涵 | 09:50 | 9:45 | 11:25 | 11:30 | 1:45 | |
| 5 | 多功能會議室 | 程詩涵 | 08:35 | 8:30 | 10:50 | 11:00 | 2:30 | |
| 6 | 會議室B | 周雅萍 | 13:08 | 13:00 | 15:20 | 15:30 | 2:30 | |
| 7 | | | | | | | | |

D3 儲存格 fx =FLOOR(C3,TIME(0,15,0))

**=CEILING(E3,TIME(0,15,0))**
❷ ❸

❶ 將**進入**的儲存格 [C3] 指定成 FLOOR 函數的 [ 數值 ]

❷ 將**離開**的儲存格 [E3] 指定成 CEILING 函數的 [ 數值 ]

❸ 將「0」指定給 TIME 函數的 [ 時 ] 和 [ 秒 ]，將「15」指定給 [ 分 ]，產生 15 分的時間資料，然後將它指定給 FLOOR 函數及 CEILING 函數的 [ 基準值 ]

# 求得期間

就讀年數、入會期間、…等，要從指定的兩個日期，求得期間時，可以使用 DATEDIF 函數。DATEDIF 函數沒有內建在函數資料庫中，所以要利用鍵盤直接輸入。

---

| 格式 | 分類 | 日期及時間 | | 2007 2010 2013 2016 |

## DATEDIF(開始日期,結束日期,單位)

### 引數

[開始日期]　　指定輸入日期（序列值）的儲存格。

[結束日期]　　指定輸入日期（序列值）的儲存格。

[單位]　　　　指定表示期間的英文字母（Y、M、D、YM、MD、YD 其中一個）。不論字母的大小寫。在引數中直接指定時，要在單位的前後用「"（雙引號）」框住。

---

**範例1** 求得到目標天數為止的年數、月數、天數　　　DATEDIF

計算「從今天起到東京奧運開幕為止」的年數、月數及天數。

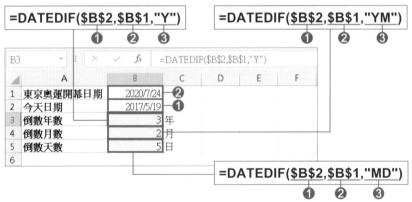

❶ 將輸入**今天日期**的儲存格 [B2] 以絕對參照指定成 [ 開始日期 ]

❷ 將輸入**目標日期**的儲存格 [B1] 以絕對參照指定成 [ 結束日期 ]

❸ 指定滿整年數「"Y"」、尾數的月份「"YM"」、尾數的天數「"MD"」

**範例 2** 求得從今天開始到生日為止剩下天數　　　DATEDIF/TODAY

計算從今天開始到生日當天為止剩下的天數。

=DATEDIF(**TODAY()**,E3,"**YD**")
　　　　　　❶　　　　❷　　❸

❶ 將求得今天日期的 TODAY 函數指定成 [ 開始日期 ]

❷ 將輸入**今年生日日期**的儲存格 [E3] 指定成 [ 結束日期 ]

❸ 將「"YD"」指定成 [ 單位 ]，以求得剩下天數

---

📎 **Memo**

DATEDIF 函數

DATEDIF 函數可以求得兩個日期之間的期間。期間的顯示方式，除了有滿整年數、滿月數、滿天數外，也可求得尾數的月數或天數。

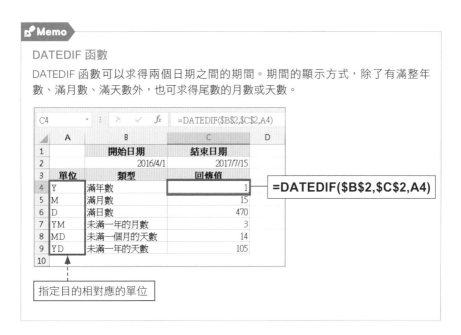

=DATEDIF($B$2,$C$2,A4)

指定目的相對應的單位

# 求得指定月數後的
# 日期或月底日期

依照月份的不同，一個月的天數會有 28~31 天，想要計算從起算日開始的數個月後的同日期或隔月月底日期，反而不是那麼容易。這裡將介紹求得指定數個月後的同日期或月底日期的函數。

| 格式 | 分類 | 日期及時間 | | 2007 2010 2013 2016 |
|---|---|---|---|---|

## EDATE(開始日期,月)
## EOMONTH(開始日期,月)

### 引數

[開始日期]　　指定輸入日期的儲存格或直接輸入日期。在引數中直接輸入日期時，在日期的前後要用「"（雙引號）」框住。

[月]　　　　　指定月份數的整數或輸入整數的儲存格。[開始日期]的月是「0」。正整數為[開始日期]之後的月份數，負整數則為[開始日期]之前的月份數。

---

**範例1** 求得「更新受理開放日」　　　　　　　　　　　　　EDATE

有效期限的上一個月同日期為更新受理開放日，求得該開放日日期。

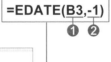

=EDATE(B3,-1)
❶ ❷

❶ 將**有效期限**的儲存格[B3]指定給[開始日期]

❷ 將代表上一個月的「-1」指定給[月份數]

**範例 2** 求得本月 1 日　　　　　　　EOMONTH/TODAY

求得行程表的本月 1 日。

=EOMONTH(**TODAY()**,-1)+1
　　　　　　❶　　 ❷ ❸

❶ 將可求得今天日期的 TODAY 函數指定給 [ 開始日期 ]

❷ 將「-1」指定給 [ 月 ]，以求得上個月的月底日期

❸ 將❷求得的上個月月底日期加 1 天後，即可調整成本月 1 日

**範例 3** 將行程表末端的隔月日期以「月 / 日」顯示　　　EOMONTH

行程表末端有顯示隔月日期時，以「月 / 日」方式顯示。

=IF(A30<EOMONTH(TODAY(),0),A30+1,TEXT(A30+1,"m/d"))
　 ❷　　　　　 ❶　　　　　　　 ❸　　　　　 ❹

> **Memo**
>
> 月底的設定在29日以後執行
>
> 以 1 整年來說，1 個月最少
> 的天數也有 28 天，因此設定
> 在 29 日以後開始套用即可。
> 以 **範例 3** 來說，將設定套用在
> 儲存格 [A31] 之後的儲存格。

❶ 將 TODAY 函數指定給 EOMONTH 函數的 [ 開始日期 ]，將「0」指定給 [ 月 ]，
以求得本月月底日期

❷ 將❶求得的本月月底日期與前 1 天的儲存格 [A30] 相互比較

❸ 還沒到月底日期（❶的月底日期的序列值比較大）的情況下，將前 1 天的日期
再加 1 天

❹ 已到月底日期時，先將前 1 天的日期再加 1 天，然後儲存格的顯示方式設定成
「m/d」後，日期就會以「月 / 日」方式顯示

# 49 從日期求得星期數值

想要從日期中求得星期數值時，可以利用 WEEKDAY 函數來完成。WEEKDAY 函數回傳數值以星期一為 1，星期二為 2，以此類推，星期的連續編號有 1 ～ 7 或 0 ～ 6。

| 格式 | 分類 | 日期及時間 | 2007 2010 2013 2016 |
|---|---|---|---|

## WEEKDAY(序列值,[類型])

### 引數

[序列值]　指定輸入日期的儲存格或直接指定日期。直接指定日期時，日期的前後要用「"（雙引號）」框住。

[類型]　　指定要以星期幾為開始的類型數值。在 Excel 2007 以前，可指定 1、2、3 中的其中一種類型，Excel 2010 之後，除了 1、2、3 外，還可指定 11 ～ 17 的值。省略時，會自動指定 1。各種 [ 類型 ] 的星期編號如下圖。

**=WEEKDAY(B$2,$A5)**

| B5 | ▼ | ⋮ | × | ✓ | fx | =WEEKDAY(B$2,$A5) | | |
|---|---|---|---|---|---|---|---|---|
| ▲ | A | B | C | D | E | F | G | H | I |
| 1 | 2017年 | | | | | | | | |
| 2 | 日期 | 5/7 | 5/8 | 5/9 | 5/10 | 5/11 | 5/12 | 5/13 |
| 3 | 星期 | 日 | 一 | 二 | 三 | 四 | 五 | 六 |
| 4 | 類型 | | | | 星期數值 | | | |
| 5 | 1 | 1 | 2 | 3 | 4 | 5 | 6 | 7 |
| 6 | 2 | 7 | 1 | 2 | 3 | 4 | 5 | 6 |
| 7 | 3 | 6 | 0 | 1 | 2 | 3 | 4 | 5 |
| 8 | 11 | 7 | 1 | 2 | 3 | 4 | 5 | 6 |
| 9 | 12 | 6 | 7 | 1 | 2 | 3 | 4 | 5 |
| 10 | 13 | 5 | 6 | 7 | 1 | 2 | 3 | 4 |
| 11 | 14 | 4 | 5 | 6 | 7 | 1 | 2 | 3 |
| 12 | 15 | 3 | 4 | 5 | 6 | 7 | 1 | 2 |
| 13 | 16 | 2 | 3 | 4 | 5 | 6 | 7 | 1 |
| 14 | 17 | 1 | 2 | 3 | 4 | 5 | 6 | 7 |
| 15 | | | | | | | | |

Excel 2010 以後才可指定

## 範例 1 顯示與日期對應的星期數值 WEEKDAY

求得行程表中與日期對應的星期數值。

**=WEEKDAY(A3)** ❶

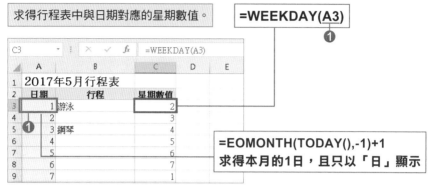

**=EOMONTH(TODAY(),-1)+1**
**求得本月的1日，且只以「日」顯示**

❶ 將輸入日期的儲存格 [A3] 指定成 [ 序列值 ]。指定從星期日開始的星期數值，
可以省略 [ 類型 ] 的 1

## 範例 2 顯示平日和假日不同的薪資 WEEKDAY

顯示平日的時薪為 150，假日時薪為 200。

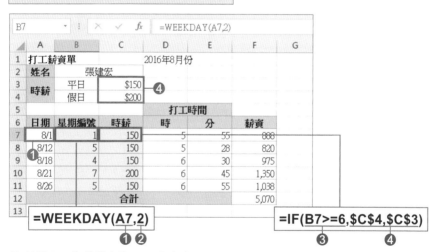

**=WEEKDAY(A7,2)**
❶ ❷

**=IF(B7>=6,$C$4,$C$3)**
❸ ❹

❶ 將輸入日期的儲存格 [A7] 指定成 [ 序列值 ]

❷ 要將星期數值 1 分配給星期一，因此將「2」指定給 [ 類型 ]

❸ 將「B7>=6」指定給 IF 函數的 [ 條件式 ]，利用星期數值是否大於 6 來判斷是否
為星期六或日

❹ 星期數值編號大於等於 6 時，以絕對參照方式指定給星期六、日的時薪儲存格
[C4]，未滿 6 的情況下，則以絕對參照方式指定給平日的時薪儲存格 [C3]

# 求得工作天數

利用 NETWORKDAYS/NETWORKDAYS.INTL 函數可以求得指定期間的工作天數。工作天數是指除了國定假日等的休假日或自行請假外，實際上班天數或營業天數。

| 格式 | 分類 | 日期及時間 | NETWORKDAYS<br>NETWORKDAYS.INTL | 2007 2010 2013 2016<br>2007 2010 2013 2016 |
|---|---|---|---|---|

## NETWORKDAYS(開始日期,結束日期,[假日]))
## NETWORKDAYS.INTL(開始日期,結束日期,
##                          [週末],[假日])

### 引數

[開始日期]　　指定開始日期或輸入日期的儲存格。

[結束日期]　　指定期間最終日的日期或輸入日期的儲存格。

[假日]　　　　NETWORKDAYS 函數的 [ 假日 ] 是用來指定輸入星期六、日以外的休假日或國定假日的儲存格範圍。除了星期六日外，工作日中若沒有其他休假日時，則可以省略。

　　　　　　　NETWORKDAYS.INTL 函數的 [ 假日 ] 是用來指定輸入非工作日或國定假日的儲存格範圍。在 [ 週末 ] 中指星期數值外，若無需再從工作日中移除其他非工作日時，則可以省略。

[週末]　　　　NETWORKDAYS.INTL 函數中指定的引數。從工作日中指定除外的星期數值。另外，使用 7 個字元的星期字串時，可以依需求自訂除外的星期 (5-25 頁 )。省略指定 [ 週末 ] 時，會自動將星期六和星期日自工作日中除外。

### ✎Memo

「假日」是指從工作日中指定要移除的休假日

雖然引數名 [ 假日 ] 會給人有國定假日的印象，但這裡，可以指定包含缺勤等，除國定假日外，另外從工作日中除外的休假日。

**範例1** 求得指定期間的工作天數　　　　　　　　　NETWORKDAYS

求得9月的開店天數。　**=NETWORKDAYS(A3,B3,D3:D4)**
　　　　　　　　　　　　　　　　　❶　　❷　　❸

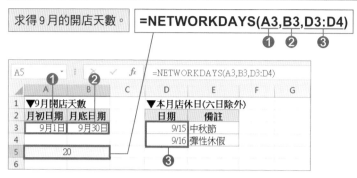

❶ 將**月初日期**的儲存格 [A3] 指定成 [ 開始日期 ]

❷ 將**月底日期**的儲存格 [B3] 指定成 [ 結束日期 ]

❸ 將輸入星期六、日以外的休假日的儲存格範圍 [D3:D4] 指定成 [ 假日 ]

**範例2** 求得週休 2 日的出勤天數　　　　　　　　NETWORKDAYS.INTL

求得扣除缺勤天數外的週休 2 日出勤天數。

**=NETWORKDAYS.INTL($C$2,$D$2,B7,B8:B10)**
　　　　　　　　　　❶　　　❷　　❸　　　❹

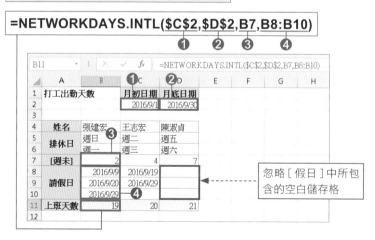

忽略 [ 假日 ] 中所包含的空白儲存格

❶ 將**月初日期**的儲存格 [C2] 指定成 [ 開始日期 ]

❷ 將**月底日期**的儲存格 [D2] 指定成 [ 結束日期 ]

❸ 將相當於休假日的儲存格 [B7] 指定給 [ 週末 ]

❹ 將輸入缺勤日的儲存格範圍 [B8:B10] 指定給 [ 假日 ]

# 51 求得工作天數後的日期

工作日是指除了假日等的休假日或自訂休假日外的出勤日或營業日。使用 WORKDAY 函數或 WORKDAY.INTL 函數，可以求得指定天數後的工作日期。

| 格式 | 分類 | 日期及時間 | WORKDAY<br>WORKDAY.INTL | 2007 2010 2013 2016<br>2007 2010 2013 2016 |
|---|---|---|---|---|

## WORKDAY(開始日期,天數,[假日])
## WORKDAY.INTL(開始日期,天數,[週末],[假日])

### 引數

[開始日期]　　指定日期或輸入日期的儲存格。

[天數]　　指定天數的整數或輸入整數的儲存格。正整數表示從 [ 開始日期 ] 開始之後的天數，負整數表示從 [ 開始日期 ] 往前推算的天數。

[假日]　　WORKDAY 函數的 [ 假日 ] 是用來指定輸入星期六、日以外的休假日或國定假日的儲存格範圍。除了星期六日外，工作日中若沒有其他休假日時，則可以省略。

　　　　　WORKDAY.INTL 函數的 [ 假日 ] 是用來指定輸入非工作日或國定假日的儲存格範圍。在 [ 週末 ] 中指定星期數值外，若無需再從工作日中移除其它休假的非工作日時，則可以省略。

[週末]　　WORKDAY.INTL 函數中指定的引數。從工作日中指定除外的星期數值。另外，使用星期字串，即可依需求自訂從工作日中除外的星期。省略指定 [ 週末 ] 時，會自動將星期六和星期日自工作日中除外。

### ■ WORKDAY 函數的回傳值

如右圖，求得開始日的下一個營業日為例。10/1（週四）為開始日期時，隔天剛好也為工作天，因此為下一個營業日。以 10/2（週五）開始日期時，因為中間包含週六、日，因此下一個營業日為 10/5（週一）。

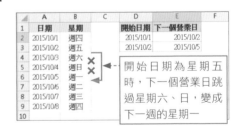

■ [ 週末 ] 的指定方法

在 [ 週末 ] 中指定的數值如下。另外,使用星期字串,可以自訂除外的星期。星期字串的第 1 個位數為星期一,由 7 個位數所構成。0 是用來指定工作日,1 則是指定工作日中除外的星期。另外,指定星期字串時,字串要用「"(雙引號)」框住。

▼ 與[週末]相對應,從工作日中除外的星期

| [週末] | 除外的星期 | [週末] | 除外的星期 |
|---|---|---|---|
| 1或省略 | 星期六和星期日 | 11 | 星期日 |
| 2 | 星期日和星期一 | 12 | 星期一 |
| 3 | 星期一和星期二 | 13 | 星期二 |
| 4 | 星期二和星期三 | 14 | 星期三 |
| 5 | 星期三和星期四 | 15 | 星期四 |
| 6 | 星期四和星期五 | 16 | 星期五 |
| 7 | 星期五和星期六 | 17 | 星期六 |

▼ 在[週末]中指定星期字串的範例

| 從工作日中除外的星期 | 一 | 二 | 三 | 四 | 五 | 六 | 日 |
|---|---|---|---|---|---|---|---|
| 星期二和星期四 | 0 | 1 | 0 | 1 | 0 | 0 | 0 |
| 星期三和星期五 | 0 | 0 | 1 | 0 | 1 | 0 | 0 |

---

**範例1** 求得指定營業日後的日期   (WORKDAY)

> 從到出貨為止需要的工作天數中求得出貨日期。休假日為星期六、日。

**=WORKDAY($E$1,E3)**
   ❶      ❷

| ▲ | A | B | C | D | E | F | G | H | I | J | K |
|---|---|---|---|---|---|---|---|---|---|---|---|
| 1 | 每天銷售記錄 | | | 日期: | 2016/7/14 ❶ | | | ▼到出貨日為止需要的工作天數 | | | |
| 2 | No | 商品分類 | 商品編號 | 訂購數量 | 出貨天數 | 出貨預定日 | | 商品分類 | 出貨天數 | | |
| 3 | 1 | 33 | 3326909 | 4 | 1 | 2016/7/15 | | 33 | 1 | | |
| 4 | 2 | 44 | 4425607 | 5 | 2 | 2016/7/19 | | 44 | 2 | | |
| 5 | 3 | 12 | 1288511 | 9 | 3 | 2016/7/19 | | 12 | 3 | | |
| 6 | 4 | 44 | 4425608 | 6 | 2 | 2016/7/18 | | 75 | 1 | | |
| 7 | 5 | 12 | 1288509 | 6 | 3 | 2016/7/18 | | | | | |
| 8 | 6 | 44 | 4425605 | 2 | 2 | 2016/7/18 | | | | | |
| 9 | 7 | 44 | 4425607 | 5 | 2 | 2016/7/18 | | | | | |
| 10 | 8 | 12 | 1288506 | 8 | | | | | | | |
| 11 | 9 | 75 | 7544610 | 9 | | | | | | | |
| 12 | 10 | 33 | 3326907 | 7 | | | | | | | |

**=VLOOKUP(B3,$H$3:$I$6,2,FALSE)** (6-2頁)
**依照商品分類求得出貨天數**

❶ 將**日期**的儲存格 [E1] 以絕對參照指定給 [ 開始日期 ]

❷ 將**出貨天數**的儲存格 [E3] 指定給 [ 天數 ]。星期六、日為休假日,因此 [ 假日 ]
   可以省略

**範例 2** 求得平日為休假日的出貨日①

從到出貨為止需要的工作天數中求得
出貨日期。休假日為星期三。

=WORKDAY.INTL($E$1,E3,14)
❶ ❷ ❸

❶ 將**日期**的儲存格 [E1] 以絕對參照指定給 [ 開始日期 ]

❷ 將**出貨天數**的儲存格 [E3] 指定給 [ 天數 ]

❸ 休假日為星期三,因此將「14」指定給「週末」。星期三以外,沒有其他休假
日,因此 [ 假日 ] 可省略

---

**範例 3** 求得平日為休假日的出貨日② WORKDAY.INTL

從到出貨為止需要的工作天
數中求得出貨日期。休假日
為星期三和六。

=WORKDAY.INTL($E$1,E3,"0010010")
❶ ❷ ❸

❶ 將**日期**的儲存格 [E1] 以絕對參照指定給 [ 開始日期 ]

❷ 將**出貨天數**的儲存格 [E3] 指定給 [ 天數 ]

❸ 休假日為星期三和星期六,因此將「"0010010"」指定給 [ 週末 ]。星期三和星
期六以外,沒有其他休假日,因此 [ 假日 ] 可省略

第 **6** 章

# 搜尋表格資料

# 52 使用關鍵字搜尋表格資料

關鍵字搜尋是指在表格中搜尋關鍵字，然後取得關鍵字的相關資料。使用 VLOOKUP 函數及 INDIRECT 函數，可以在多個表格中執行關鍵字搜尋。

| 格式 | 分類 | 檢視與參照 | 2007 2010 2013 2016 |
|---|---|---|---|

**VLOOKUP(搜尋值,範圍,欄編號,[搜尋類型])**

**INDIRECT(參照字串,[參照形式])**

## 引數

| [搜尋值] | 指定輸入搜尋用關鍵字的儲存格。 |
|---|---|
| [範圍] | 指定要搜尋表格的儲存格範圍。另外，也可以指定儲存格範圍的名稱。 |
| [欄編號] | [範圍]左邊的第一欄為 1，指定想要得到資訊的欄位數值。 |
| [搜尋類型] | 搜尋與[搜尋值]相同的資料時，要設定成[FALSE]，搜尋與[搜尋值]相似的資料時，可以省略或設定成[TRUE]。 |
| [參照字串] | 指定輸入字串的儲存格、儲存格範圍或名稱。 |
| [參照形式] | 通常會省略。在[參照字串]中若以 A1 方式指定字串的儲存格參照，則可以省略或指定成[TRUE]，以 R1C1 方式指定參照的話，引數要指定成[FALSE]。 |

---

**📝 Memo**

使用 VLOOKUP 函數的注意事項

使用 VLOOKUP 函數時，必需符合以下 3 個條件。

① 使用的搜尋表格，其欄位名稱必需是橫向並排顯示且必需是同一個表格。

② 在指定搜尋表格的儲存格範圍時，不必包含表格的欄位名稱。

③ 搜尋是從表格的最左欄欄位執行，因此，搜尋用的關鍵字要輸入在最左邊的欄位中。

## ■ VLOOKUP 函數

下圖為從分機清單中搜尋「曹怡君」的分機號碼。分機號碼在分機清單的第 2 欄。

範例

**=VLOOKUP("曹怡君",分機清單,2,FALSE)**

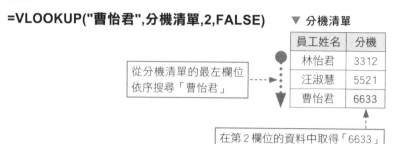

▼ 分機清單

| 員工姓名 | 分機 |
|---|---|
| 林怡君 | 3312 |
| 汪淑慧 | 5521 |
| 曹怡君 | 6633 |

從分機清單的最左欄位依序搜尋「曹怡君」

在第 2 欄位的資料中取得「6633」

---

**範例1 從商品類型中搜尋類型名稱** `VLOOKUP`

從**商品類型**中顯示該商品的**類型名稱**。

**=VLOOKUP(C3,商品表,2,FALSE)**
❶ ❷ ❸ ❹

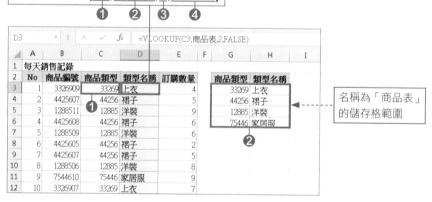

名稱為「商品表」的儲存格範圍

❶ 將**商品類型**的儲存格 [C3] 指定成 [ 搜尋值 ]

❷ 在引數 [ 範圍 ] 中輸入「商品表」。另外，以拖曳的方式選取儲存格範圍 [G3:H6]後，也會自動顯示「商品表」

❸ **類型名稱**為第 2 欄，所以將「2」指定成 [ 欄編號 ]

❹ 要搜尋與商品類型一致的類型名稱，所以要將「FALSE」指定成 [ 搜尋類型 ]

## ■ INDIRECT 函數

INDIRECT 函數可以將字串轉換成儲存格範圍名稱、將輸入文字當成儲存格參照及利用計算式轉換成儲存格參照。將 INDIRECT 函數指定 VLOOKUP 函數的 [範圍] 時，可以用來搜尋表格。將輸入名稱的儲存格 [B3] 指定給 VLOOKUP 函數的 [範圍] 時，會因在儲存格中輸入的「青菜」被判定成字串而非名稱而出現錯誤。想要讓輸入在儲存格 [B3] 的「青菜」當成儲存格範圍名稱時，可以利用 INDIRECT 函數，將儲存格 [B3] 的字串轉換成儲存格範圍。

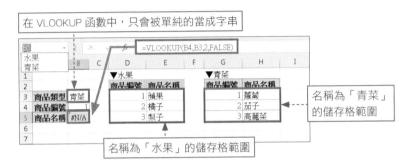

將「INDIRECT(B3)」指定成 VLOOKUP 函數的 [範圍] 後，儲存格 [B3] 的「青菜」被當成名稱為「青菜」的儲存格範圍，因此商品編號的「1」就會搜尋出相對應的商品名稱「蘿蔔」。

將儲存格 [B3] 的內容變更成「水果」後，會搜尋名稱為「水果」的儲存格範圍。依照這樣的方法，利用 INDIRECT 函數，就能在多個表格中切換搜尋。

**範例 2** 將分散在各年級的名單整合成同一個工作表　VLOOKUP/INDIRECT

將以各年級區分的成員名單工作表全部整合到同一個工作表中。

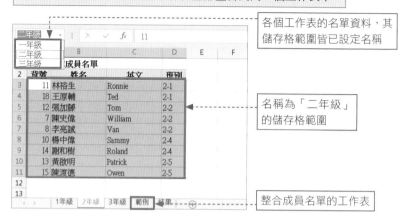

各個工作表的名單資料，其儲存格範圍皆已設定名稱

名稱為「二年級」的儲存格範圍

整合成員名單的工作表

**=VLOOKUP($B3,INDIRECT($A3),2,FALSE)**
　　　　❶　　　　　❷　　　　❸　　❹

| | A | B | C | D | E | F | G | H |
|---|---|---|---|---|---|---|---|---|
| 1 | 各年級足球成員名單 | | | | | | | |
| 2 | 年級 | 背號 | 姓名 | 英文 | 班別 | | | |
| 3 | 三年級 | 1 | 林山雷 | Glen | 3-5 | | | |
| 4 | 三年級 | 2 | 許明吉 | Leonard | 3-5 | | | |
| 5 | 三年級 | 3 | 許直人 | Jeffrey | 3-3 | | | |
| 6 | 三年級 | 4 | 張帕西 | Kirk | 3-3 | | | |
| 7 | 三年級 | 5 | 林克里 | Kevin | 3-3 | | | |
| 8 | 三年級 | 6 | #N/A | #N/A | #N/A | | | |
| 9 | 二年級 | 7 | 陳史偉 | William | 2-2 | | | |
| 10 | 二年級 | 8 | 李亮誠 | Van | 2-2 | | | |
| 11 | 二年級 | 9 | #N/A | #N/A | #N/A | | | |
| 12 | 二年級 | 10 | 楊中偉 | Sammy | 2-4 | | | |

**=VLOOKUP($B3,INDIRECT($A3),3,FALSE)**
　　　　　　　　　　　　❺

❶ 將**背號**的儲存格 [B3] 指定成 [ 搜尋值 ]

❷ 為了讓**年級**儲存格 [A3] 的「三年級」被認定成名稱，所以將「INDIRECT($A3)」指定成 [ 範圍 ]。為了讓 VLOOKUP 函數在往右複製公式時，「年級」或「背號」不會跟著變動，所以將儲存格的欄設定成絕對參照

❸ 將「2」指定成 [ 欄編號 ]，以搜尋**姓名**

❹ 為了搜尋出與背號一致的「姓名」，所以將「FALSE」指定成 [ 搜尋類型 ]

❺ 將成員名單第 3 欄的**英文**的「3」指定成 [ 欄編號 ]。**班別**的欄位「4」指定成 [ 欄編號 ]

**範例 3** 避免錯誤值的顯示　　　　　　　　　　`IFERROR/VLOOKUP`

將缺少背號時會發生的 [#N/A] 以空白方式顯示。

**=IFERROR(VLOOKUP($B3,INDIRECT($A3),2,FALSE),"")**
❶ ❷

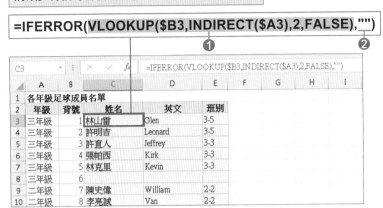

❶ 將 VLOOKUP 函數指定成 IFERROR 函數的 [ 值 ]

❷ 將「""」（長度為 0 的字串）指定成 [ 錯誤時的回傳值 ] 後，當 VLOOKUP 函數出現 [#N/A] 錯誤值的情況時，就會以空白方式顯示

---

**範例 4** 依得分來區分等級　　　　　　　　　　`VLOOKUP`

依得分來顯示評價。　**=VLOOKUP(B3,評價表,2)**
　　　　　　　　　　　　　　❶　❷　❸

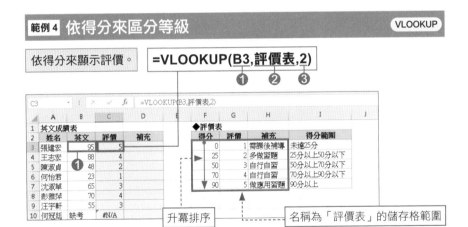

升冪排序　　　　　　　　　名稱為「評價表」的儲存格範圍

---

**Memo**

將搜尋表格的最左欄資料
以升冪方式排序

在相似資料表格中，以最左欄為基準，將資料以升冪方式排序。**範例 4** 則是將得分以升冪方式排序。

❶ 將**英文**的得分儲存格 [B3] 指定成 [ 搜尋值 ]

❷ 將「評價表」名稱直接指定成 [ 範圍 ]

❸ **評價**為評價表的第 2 欄位，因此將「2」指定給 [ 欄編號 ]。因為是要搜尋相似值，所以可以省略 [ 搜尋類型 ] 的設定

顯示「評價」相對應的「補充」。 **=VLOOKUP(C3,$G$3:$H$7,2,FALSE)**

❶ ❷ ❸

| D3 | | : | × | ✓ | fx | =VLOOKUP(C3,$G$3:$H$7,FALSE) | | | |
|---|---|---|---|---|---|---|---|---|---|
| | A | B | C | D | E | F | G | H | I | J |
| 1 | 英文成績表 | | | | | ◆評價表 | | | |
| 2 | 姓名 | 英文 | 評價 | 補充 | | 得分 | 評價 | 補充 | 得分範圍 |
| 3 | 張建宏 | 95 | 5 | 做應用習題 | | 0 | 1 需課後補導 | 未達25分 |
| 4 | 王志宏 | 88 | 4 | 自行自習 | | 25 | 2 多做習題 | 25分以上50分以下 |
| 5 | 陳淑貞 | 48 | 2 | 多做習題 | | 50 | 3 自行自習 | 50分以上70分以下 |
| 6 | 何怡君 | 23 | 1 | 需課後補導 | | 70 | 4 自行自習 | 70分以上90分以下 |
| 7 | 沈淑華 | 65 | 3 | 自行自習 | | 90 | 5 做應用習題 | 90分以上 |
| 8 | 彭雅萍 | 70 | 4 | 自行自習 | | | | | |
| 9 | 汪宇軒 | 55 | 3 | 自行自習 | | | | | |
| 10 | 何冠廷 | 缺考 | #N/A | #N/A | | | | | |
| 11 | | | | | | | | | |

「補充」是以「評價」為搜尋值,所以無法使用「評價表」名稱。設定 [ 範圍 ] 時,要讓「評價」為最左欄位

❶ 將**評價**的儲存格 [C3] 指定成 [ 搜尋值 ]

❷ 為了讓「評價」為最左欄位,所以將儲存格範圍 [G3:H7] 以絕對參照方式設定成 [ 範圍 ]

❸ 從**評價**欄位開始算起的話,**補充**為第 2 欄,因此將「2」指定成 [ 欄編號 ]。要搜尋相同的資料,因此要將 [ 搜尋類型 ] 設定成「FALSE」

**範例5 將缺考者的評價設定成「1」** `IFERROR/VLOOKUP`

避開缺考者 [#N/A] 的錯誤值,以評價「1」代替。

**=IFERROR(VLOOKUP(B3,評價表,2),1)**

❶ ❷

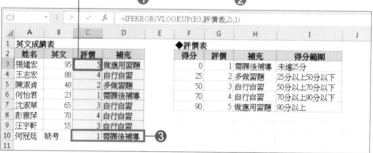

❶ 將 VLOOKUP 函數指定成 IFERROR 函數的 [ 值 ]

❷ 將「1」指定成 [ 錯誤時的回傳值 ]

❸ 增加使用 IFERROR 函數之後,原來儲存格 [C10] 和 [D10] 錯誤值都被解除了

利用「1 為出席、2 為缺席」等號碼來對應相對值的方法，常常在各種文件或問卷中看到。使用 CHOOSE 函數，可以設定號碼及值，然後依照指定的號碼顯示相對應的值。

| 格式 | 分類 檢視與參照 | 2007 2010 2013 2016 |
|---|---|---|

## CHOOSE(索引,值1,[值2]...)

### 引數

[索引]　　指定要從值的清單中取出的號碼之整數或輸入整數的儲存格。

[值]　　　指定 [ 索引 ] 對應的值或輸入值的儲存格。值與值之間要用「,（逗號）」來區隔。設定的第一個值為 [ 索引 ] 的「1」，第二個值為「2」，依此類推，依值的設定順序來對應 [ 索引 ] 號碼。

■ **想要將索引號碼設成「0」時**

[ 索引 ] 的起始值為 1，因此想要將號碼設成「0」時，可以先加 1 後，再指定給 [ 索引 ]。下圖將回答號碼的 1 和 0 以「是」或「否」來顯示為例。將號碼加 1，「2」會對應「是」、「1」會對應「否」。

回答號碼加 1 後，[ 索引 ] 就會往上加 1

| | A | B | C | D | E | F |
|---|---|---|---|---|---|---|
| 1 | | 回答號碼：1→是、0→否 | | | | |
| 2 | | | | | | |
| 3 | 姓名 | 回答號碼 | 回答 | | | |
| 4 | 張建宏 | 0 | 否 | | | |
| 5 | 王志宏 | 1 | 是 | | | |
| 6 | 陳淑貞 | 0 | 否 | | | |
| 7 | 何怡君 | 1 | 是 | | | |
| 8 | | | | | | |

C4 =CHOOSE(B4+1,"否","是")

**範例 1** 顯示與號碼對應的內容　　　　　　　　　　　　　CHOOSE

從評價編號對應出問卷結果。

**=CHOOSE(B3,"非常滿意","滿意","普通","不滿意","非常不滿意")**
　　　　　❶　　　　　　　　　　　❷

❶ 將輸入**評價**的儲存格 [B3] 指定成 [ 索引 ]

❷ 在 [ 值 ] 中指定評價對應的結果內容

---

**範例 2** 依照星期顯示對應的活動內容　　　　　　　　　　CHOOSE

在每月的行程表中顯示每週的預定內容。

**=CHOOSE(C3,"","游泳","","鋼琴","","","")**
　　　　　❶　　　　　　　❷

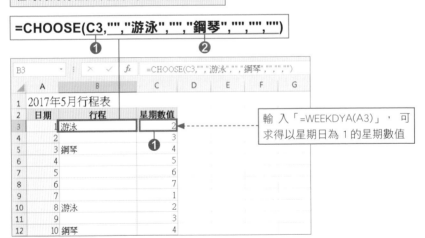

輸 入「=WEEKDYA(A3)」，可求得以星期日為 1 的星期數值

❶ 將輸入星期數值的儲存格 [C3] 指定成 [ 索引 ]

❷ 在星期日（索引 1）～星期六（索引 2）中指定對應的活動。沒有活動的星期指定成「""（長度為 0 的字串）」

# 搜尋標題在表格中的位置

在有欄和列標題的表格中，有時會需要查詢欄標題或列標題在欄／列項目內容中所顯示的位置。MATCH 函數可以搜尋出指定標題的位置。

| 格式 | 分類 | 檢視與參照 | 2007 2010 2013 2016 |
| --- | --- | --- | --- |

## MATCH(檢查值,檢查範圍,[比對類型])

### 引數

[檢查值]　　指定在 [ 檢查範圍 ] 中所要搜尋的值或儲存格。

[檢查範圍]　指定 [ 檢查值 ] 所要搜尋的儲存格範圍。

[比對類型]　可以指定「1」、「0」或「-1」。利用「1」或「-1」搜尋時，[ 檢查範圍 ] 必需先將資料以升幕或降幕的方式排序。

| 比對類型 | 檢查值的搜尋方法 | 排序 |
| --- | --- | --- |
| 0或省略 | 搜尋與檢查值完全一致的值的位置 | 沒有限制 |
| 1 | 搜尋檢查值以下的最大值（相似值）的位置 | 升幕 |
| -1 | 搜尋檢查值以上的最小值（相似值）的位置 | 降幕 |

### 範例1 尋找指定的值在表格中的第幾列　　　　　　　MATCH

查詢依指定位數取出的各個
抽出號碼顯示在**號碼**第幾列。

=MATCH(B5,$E$2:$E$11,0)
　　　❶　　　❷　　　❸

複製的號碼

❶ 將**抽出號碼**的儲存格 [B5] 指定成 [ 檢查值 ]

❷ 將輸入中獎編號及抽出編號的儲存格範圍 [E2:E11] 以絕對參照指定成 [ 檢查範圍 ]

❸ 為了搜尋出一致的 [ 檢查值 ] 位置，因此將「0」指定成 [ 比對類型 ]

---

**範例2 求得指定的值會被歸類到哪個欄位**　　`MATCH`

查詢「6kg」屬於欄項目的第幾欄。

=MATCH(**H3**,**A2:E2**,**-1**)
　　　　　 ❶　　 ❷　　 ❸

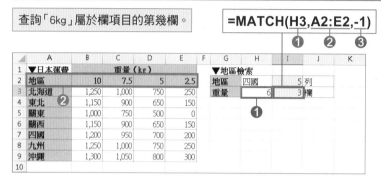

❶ 將想要查詢輸入重量的儲存格 [H3] 指定成 [ 檢查值 ]

❷ 將輸入重量的儲格範圍 [A2:E2] 指定成 [ 檢查範圍 ]。這裡，包含項目名稱的第一個儲存格 [A2]

❸ 要求得大於指定重量的最小值，因此將比對類型指定成「-1」

---

**範例3 從搜尋到的位置結果求得運費**　　`VLOOKUP/MATCH`

以「地區」為檢查值，求
得指定重量的欄之運費。

=VLOOKUP(**H2**,**A3:E9**,**I3**,**FALSE**)
　　　　　　 ❶　　 ❷　　 ❸　　 ❹

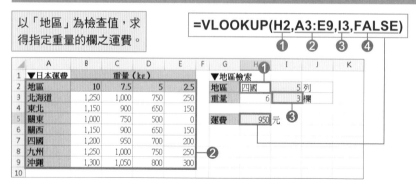

❶ 將**地區**的儲存格 [H2] 指定成 [ 搜尋值 ]

❷ 將表格的儲存格範圍 [A3:E9] 指定成 [ 範圍 ]

❸ 將輸入重量的欄位置儲存格 [I3] 指定成 [ 欄編號 ]

❹ 要尋找與 [ 搜尋值 ] 一致的資料，因此指定成 [FALSE]

# 搜尋表格中欄與列交叉點的資料

使用 INDEX 函數，可以搜尋指定表格中欄標題位置及列標題位置中，欄／列交叉點的資料。INDEX 函數經常會與 MATCH 函數一起使用。

| 格式 | 分類 檢視與參照 | 2007 2010 2013 2016 |
|---|---|---|

## INDEX(陣列,列編號,欄編號)

### 引數

[陣列] 　　指定搜尋時表格的儲存格範圍。

[列編號] 　指定表格列標題的位置或輸入數值的儲存格。[ 陣列 ] 只有 1 列時，可省略。

[欄編號] 　指定表格欄標題的位置或輸入數值的儲存格。[ 陣列 ] 只有 1 欄時，可省略。

**範例 1** 求得指定列編號與欄編號交叉點的資料　　　　　　　INDEX

顯示 5 年 4 班的導師姓名。 **=INDEX(B6:E11,A2,B2)**
　　　　　　　　　　　　　　　　　　❶　　❷　❸

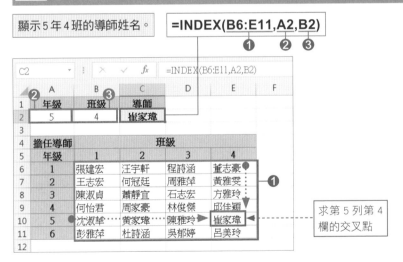

❶ 將**擔任導師**的儲存格範圍 [B6:E11] 指定成 [ 陣列 ]

❷ 將**年級**的儲存格 [A2] 指定給 [ 列編號 ]

❸ 將**班級**的儲存格 [B2] 指定給 [ 欄編號 ]

**範例 2** 顯示抽獎結果　　　　　　　　　　　　　INDEX/MATCH

顯示利用 MATCH 函數查詢到的列位置所對應的抽獎結果。

## =MATCH(B5,$E$2:$E$11,0)

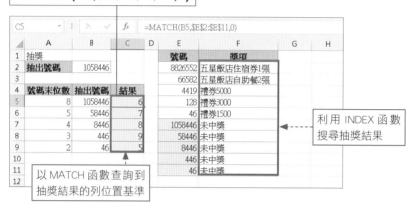

利用 INDEX 函數
搜尋抽獎結果

以 MATCH 函數查詢到
抽獎結果的列位置基準

## =INDEX($F$2:$F$11,MATCH(B5,$E$2:$E$11,0),1)
　❶　　　　　　　　　　　❷　　　　　　　　　　　❸

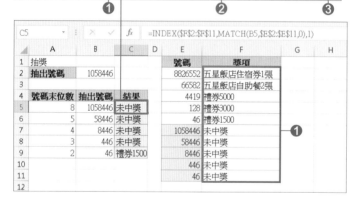

### Memo

求得先找到的位置

MATCH 函數會從 [ 檢查範圍 ] 的前排開始搜尋，然後顯示先搜尋到的位置。儲存格 [E6] 和儲存格 [E11] 皆為「46」，但第 5 列會先被搜尋到。

❶ 將**獎項**的儲存格範圍 [F2:F11] 以絕對參照方式指定成 [ 陣列 ]。

❷ 將 MATCH 函數求得的抽獎結果之列位置，指定給 INDEX 函數的 [ 列編號 ]。

❸ 指定陣列只有 1 欄，所以將「1」指定成 [ 欄編號 ]。也可省略。

從輸入的背號搜尋成員的資料。

$$\{=INDEX(B7:D27,MATCH(A3,A7:A27,0),0)\}$$

❶　　　　　❷　　　　　❸

| B3 | ▾ | : | × | ✓ | fx | {=INDEX(B7:D27,MATCH(A3,A7:A27,0),0)} |
|---|---|---|---|---|---|---|

| ▲ | A | B | C | D | E | F | G | H |
|---|---|---|---|---|---|---|---|---|
| 1 | ▼檢索 | | | | | | | |
| 2 | 背號 | 姓名 | 英文 | 班別 | | | | |
| 3 | 5 | 林克里 | Kevin | 3-3 | | | | |
| 4 | | | | | | | | |
| 5 | 足球成員名單 | | | | | | | |
| 6 | 背號 | 姓名 | 英文 | 班別 | | | | |
| 7 | 3 | 許直人 | Jeffrey | 3-3 | | | | |
| 8 | 5 | 林克里 | Kevin | 3-3 | | | | |
| 9 | 4 | 張帕西 | Kirk | 3-3 | | | | |
| 10 | 2 | 許明吉 | Leonard | 3-5 | | | | |
| 11 | 1 | 林山雷 | Glen | 3-5 | | | | |
| 12 | 11 | 林裕生 | Ronnie | 2-1 | | | | |
| 13 | 18 | 王原輔 | Ted | 2-1 | | | | |
| 14 | 12 | 張加膝 | Tom | 2-2 | | | | |

❶ 將儲存格範圍 [B7:D27] 指定給 INDEX 函數的 [ 陣列 ]。

❷ 利用 MATCH 函數搜尋「背號」的儲存格 [A3]，在儲存格範圍 [A7:A27] 中的列位置。然後將 MATCH 函數求得的列位置指定給 INDEX 函數的 [ 列編號 ]。

❸ 為了取得整列資料，將「0」指定給 [ 欄編號 ]，按住 `Ctrl` + `Shift` 鍵的同時，再按下 `Enter` 鍵，以陣列公式方式輸入。

---

📝 **Memo**

將 [欄編號] 指定成「0」

將 INDEX 函數的 [ 欄編號 ] 指定成「0」時，會將取得指定 [ 陣列 ] 的整列資料。這時，為了一次可以取得整列的資料，要先以拖曳方式選取取出資料所要顯示的儲存格範圍，然後再以陣列公式方式輸入。

第 **7** 章

# 財務會計的計算

# 56 財務函數的共通點

今天的 100 元和 1 年後的 100 元，其價值會不同。財務函數會評估伴隨著時間經過金錢價值的變化。這裡，將說明金錢的時間價值與財務函數共通的規則。

### ■ 金錢的價值

錢的價值是金錢價值和時間價值的合計。金錢價值是指面額。100 元在過去、現在或未來都會是 100 元的金錢價值。

時間價值則是隨著時間經過所產生的價值，也就是指利息。利息是指「年利率 5%」的利率。下圖為現在的時間點，假設將 10 萬元以年利率 5% 來計算一年後的金錢價值。

**金錢的價值 = 金錢價值 + 時間價值**

**= 金錢價值 + 金錢價值 × 利率**

**= 金錢價值 × (1+ 利率 )**

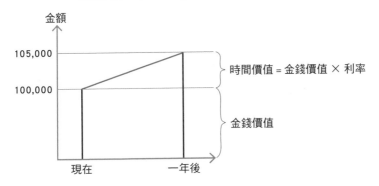

### ■ 金額符號

財務函數是指進到手裡的金額符號為正數，從手裡出去的金額符號為負數。例如，貸款金額是進到手裡的錢，所以會為正，存款是存入金融機構，是從手裡出去的錢，所以會為負。

### ■ 利率的換算

利率通常都會被當成年利率，但也有「每月支付」、「每月存款」、「半年支付一次」等情況，以月為單位或半年為單位讓金錢做進出的流動。利率是在金錢做進出流動時所做的換算。例如，以月為單位時，年利率就會除以 12 後變成月息。

---

**範例 1 求得未來價值**

以年利率 3% 存入 100 萬的情況下，求得一年後的價值。　**=B2+B2*B4**
❶

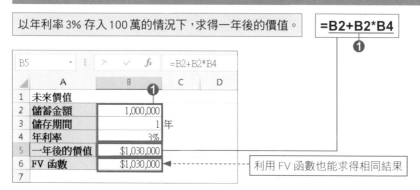

❶ 依照上一頁金錢價值的計算式來看，會計算出 100 萬和 100 萬 × 3% 的合計

---

**範例 2 求得現在價值**

假設一年後金錢的價值為 100 萬的話，那現在的金錢價值為多少。利率為 3%。　**=B2/(1+B4)**
❶

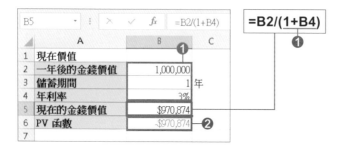

❶ 依照左頁金錢的價值的算式調整成「金錢值價 = 金錢的價值 /(1+ 利率 )」，以求得現在價值

❷ 使用 PV 函數來計算，會被認定是成從手裡出去的錢，所以會以負數顯示

想要在目標期限內存到目標金額，想要每年領取固定的年金等，不論從哪邊開始都需要頭期款的試算。這裡將利用 PV 函數來計算頭期款。

| 格式 | 分類 | 財務 | | 2007 2010 2013 2016 |
|---|---|---|---|---|

## PV(利率,期間,定期支付額,[未來價值],[支付日期])

### 引數

| | |
|---|---|
| [利率] | 指定存款利息或還款利息或輸入數值的儲存格。 |
| [期間] | 指定儲蓄期間或償還期間或輸入數值的儲存格。另外，[利率]和[期間]的時間單位需相同。期間若以月為單位，則利率也要指定成月息。 |
| [定期支付額] | 指定每回支付的金額數值或數值儲存格。 |
| [未來價值] | 指定[期間]期滿後的未來值或輸入數值的儲存格。儲蓄的情況下，為目標金額，還的情況下，若期滿則為「0」，或指定貸款餘額。另外，省略時會被視為「0」。 |
| [支付日期] | 進行支付的時間點，期末為「0」，期初為「1」。省略時會被視為「0」。 |

**Memo**

頭期款

範例1 不考慮利息，單純計算時，3 萬 ×12 個月 ×2 年 =72 萬，所以若頭期款有 28 萬的話，就能存到 100 萬。但實際上因為還有利息，所以頭期款會少於 28 萬。

## 範例1 試算存到目標金額所需的頭期款 PV

試算每月存3萬元，2年期間要存到100萬的話，需要多少頭期款。

**=PV(B2/12,B3*12,-B4,B5)**
❶ ❷ ❸ ❹

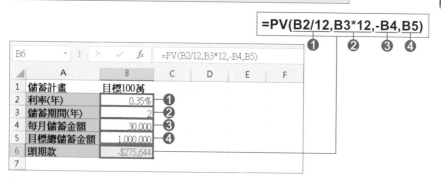

❶ 將**利率（年）**的儲存格 [B2] 除以 12，以轉換成月息。將「B2/12」指定成 [ 利率 ]。

❷ 將**儲蓄期間（年）**乘以 12，換算成支付月數。將「B3*12」指定成 [ 期間 ]。

❸ 將**每月儲蓄金額**的儲存格 [B4] 加上負數符號後，把「-B4」指定成 [ 定期支付額 ]。

❹ 將**目標總儲蓄金額**的儲存格 [B5] 指定成 [ 未來價值 ]。

## 範例2 為了將來求得必要的本金 PV

為了將來，求得需要準備的本金。

**=PV(B5,B3,-B4,0,0)**
❶ ❷ ❸ ❹

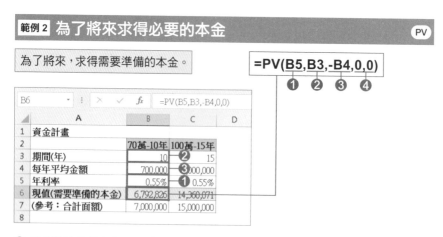

❶ 將**年利率**的儲存格 [B5] 指定成 [ 利率 ]

❷ 將**期間（年）**的儲存格 [B3] 指定成 [ 期間 ]

❸ 將**每年平均金額**的儲存格 [B4] 加上負數符號後，指定成 [ 定期支付額 ]

❹ 將 [ 未來價值 ] 和 [ 支付日期 ] 指定成「0」。也可省略

# 試算期滿金額或貸款餘額

每個月存 2 萬，1 年後大約可以存到多少？ 2000 萬的貸款，每個月還 10 萬的話，10 年後會剩下多少貸款等，要計算儲蓄或償還期間期滿後所剩的餘額時，可以使用 FV 函數來求得。

**格式** | **分類** 財務 | 2007 2010 2013 2016

## FV(利率,期間,定期支付額,[現在價值],[支付日期])

**引數**

[利率]　　　　指定存款利息或還款利息或輸入數值的儲存格。

[期間]　　　　指定儲蓄期間或償還期間或輸入數值的儲存格。另外，[利率]和[期間]的時間單位需相同。期間若以月為單位，則利率也要指定成月息。

[定期支付額]　指定每回支付的數值或數值儲存格。

[現在價值]　　指定現值或輸入數值的儲存格。儲蓄的情況下，為存款的頭期款，貸款的情況下，就指定貸款金額。省略時會被視為「0」。

[支付日期]　　進行支付的時間點，期末為「0」，期初為「1」。省略時會被視為「0」。

**範例1 計算貸款金額的餘額**　　　　　　　　　　FV

試算 5 年後、10 年後、15 年後的貸款餘額。

=FV(B3/12,B4*12,-B5,B6)
❶　　❷　　❸　❹

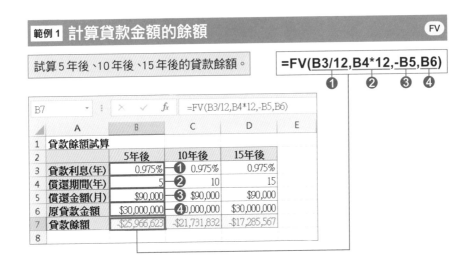

❶ 將**貸款利息（年）**的儲存格 [B3] 除以 12，以轉換成月息。將「B3/12」指定成 [ 利率 ]

❷ 將**償還期間（年）**的儲存格 [B4] 乘以 12，換算成支付月數。將「B4*12」指定成 [ 期間 ]

❸ 將**償還金額（月）**的儲存格 [B5] 加上負數符號後，把「-B5」指定成 [ 定期支付額 ]

❹ 將**原貸款金額**的儲存格 [B6] 指定成 [ 現在價值 ]

---

**範例 2** 試算零存整付定存到期後可領回的金額 **FV**

試算零存整付定存到期後可領回的金額。　=FV(B3/12,B4*12,-B5,-B6,1)
　　　　　　　　　　　　　　　　　　　　　❶　　❷　　❸ ❹ ❺

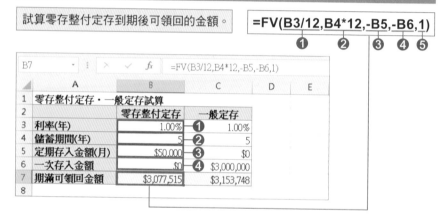

❶ 將**利率（年）**的儲存格 [B3] 除以 12，以轉換成月息。將「B3/12」指定成 [ 利率 ]

❷ 將**儲蓄期間（年）**的儲存格 [B4] 乘以 12，換算成支付月數。將「B4*12」指定成「期間」

❸ 將**定期存入金額（月）**的儲存格 [B5] 加上負數符號後，把「-B5」指定成 [ 定期支付額 ]

❹ 將**一次存入金額**的儲存格 [B6] 加上負數符號後，指定成 [ 現在價值 ]

❺ 因為期初存入，所以將「1」指定成 [ 支付日期 ]

---

**Memo**

金額符號

償還金額為支付的錢（從手裡出去的錢），所以為負數符號，貸款金額為領取的錢（進到手裡的錢），所以為正數符號。貸款餘額為今後要支付的錢，所以以負數符號表示。

**Memo**

資產運用的試算

**範例 2**，試算以 300 萬元的運用方法為例。可以選擇以 5 年定存或將錢留在手邊，以每月儲蓄的方式來試算。

# 試算定期存款或定期償還金額

1 年後想要存到 100 萬元的話，每月需要多少存款，貸款 2000 萬以 15 年來償還的話，每個月需要償還多少金額等，利用 PMT 函數可以試算出存款或償還的定期支付金額。

**格式**

| 分類 | 財務 | 2007 2010 2013 2016 |
|---|---|---|

## PMT(利率,期間,現在價值,[未來價值],[支付日期])

**引數**

[利率]　　　指定存款利息或還款利息或輸入數值的儲存格。

[期間]　　　指定儲蓄期間或償還期間或輸入數值的儲存格。另外，[利率]和[期間]的時間單位需相同。期間若以月為單位，則利率也要指定成月息。

[現在價值]　指定現值或輸入數值的儲存格。儲蓄的情況下，為存款的頭期款，貸款的情況下，就指定貸款金額。省略時會被視為「0」。

[未來價值]　指定[期間]期滿後的未來值或輸入數值的儲存格。儲蓄的情況下，為目標金額，還款的情況下，若期滿則為「0」，或指定貸款餘額。另外，省略時會被視為「0」。

[支付日期]　進行支付的時間點，期末為「0」，期初為「1」。省略時會被視為「0」。

---

🔑 **Keyword**

PMT

PMT 函數可以從[利率]、[期間]、[現在價值]、[未來價值]、[支付日期]求得定期支付的金額。10,000 元分 10 次償還時，每次需償還 1,000 元，但再加上利息後，會超過 1,000 元。另外，要在 10 個月存到 10,000 元時，平均每個月要存入 1,000 元，不過再加上利息的話，每個月的存入金額會少於 1,000 元。PMT 函數在計算定期支付金額時，會把利息也列入計算。

## 範例 1 試算需要定期存入多少金額才能存到目標金額 `PMT`

試算一年想存 100 萬元的話，每個月需要存入多少金額才能達成。

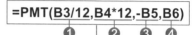

=PMT(B3/12,B4*12,-B5,B6)
❶ ❷ ❸ ❹

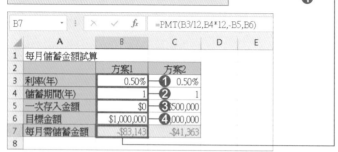

❶ 將**利率 ( 年 )**的儲存格 [B3] 除以 12，以轉換成月息。將「B3/12」指定成 [ 利率 ]

❷ 將**儲蓄期間 ( 年 )**的儲存格 [B4] 乘以 12，換算成支付月數。將「B4*12」指定成 [ 期間 ]

❸ 將**一次存入金額**的儲存格 [B5] 加上負數符號後，把「-B5」指定成 [ 現在價值 ]

❹ 將**目標金額**的儲存格 [B6] 指定成 [ 未來價值 ]

❺ 這裡因為期末支付，所以省略 [ 支付日期 ]

## 範例 2 求得每月需償還的貸款金額 `PMT`

求得利息 3% 借入 144 萬後，若想要在 10 年內還清時，每月需償還的金額。

=PMT(B2/12,B3*12,B4,B5)
❶ ❷ ❸ ❹

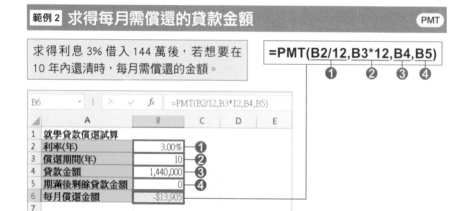

❶ 將**利率 ( 年 )**的儲存格 [B2] 除以 12，以轉換成月息。將「B2/12」指定成 [ 利率 ]

❷ 將**償還期間 ( 年 )**的儲存格 [B3] 乘以 12，換算成支付月數。將「B3*12」指定成 [ 期間 ]

❸ 將**貸款金額**的儲存格 [B4] 指定成 [ 現在價值 ]

❹ 將**期滿後剩餘貸款金額**的儲存格 [B5] 指定成 [ 未來價值 ]

# 60 試算貸款的本金和利息

本息平均攤還時，在一開始利息的比率會比較高，但隨著時間的經過，會以本金逐漸增加的方式償還。這裡將介紹償還本息時，求得本金和利息明細的函數。

---

**格式** | **分類** 財務 | 2007 2010 2013 2016

### PPMT(利率,期間,償還期間,現在價值,[未來價值],[支付日期])
### IPMT(利率,期間,償還期間,現在價值,[未來價值],[支付日期])

**引數**

| | |
|---|---|
| [利率] | 指定利息或輸入數值的儲存格。 |
| [期間] | 指定第幾次支付的次數或輸入數值的儲存格。 |
| [償還期間] | 指定償還期間或輸入數值的儲存格。另外，[利率]和[期間]的時間單位需相同。期間若以月為單位，則利率也要指定成月息。 |
| [現在價值] | 指定現值或輸入數值的儲存格。借款的情況下，指定借款金額。 |
| [未來價值] | 指定[期間]期滿後的未來值或輸入數值的儲存格。完成還款時，指定成「0」。另外，省略時會被視為「0」。 |
| [支付日期] | 進行支付的時間點，期末為「0」，期初為「1」。省略時會被視為「0」。 |

---

🔑 **Keyword**

PPMT／IPMT

PPMT 函數可以求得每次定期償還的金額，IPMT 函數則可求得利息。指定的引數中，[期間]是用來指定第幾次支付。本息平均攤還是指從開始償還，經過一段時間後，本金與利息在比率上的差異，因此需要指定是在哪個時間的本金和利息。一般情況下，本金和利息的關係，如右圖。

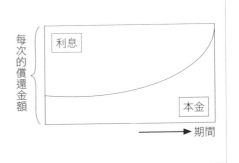

**範例 1** 製作還款計畫表　　　　　　　　　　　PPMT/IPMT

製作以年利率 2.5% 借入 100 萬，要以一年償還時的還款計畫表。

**=PPMT($C$2/12,$A7,$C$3*12,$C$4)**
　　　　　　❶　　　❷　　　❸　　　　❹

| | A | B | C | D | E | F | G |
|---|---|---|---|---|---|---|---|
| | B7 | ▼ ⋮ × ✓ fx | =PPMT($C$2/12,$A7,$C$3*12,$C$4) | | | | |
| 1 | ▼借款條件 | | | | | | |
| 2 | 利率(年) | | 2.5% ❶ | | | | |
| 3 | 償還期間(年) | | 1 ❸ | | | | |
| 4 | 借款金額 | | $1,000,000 ❹ | | | | |
| 5 | ▼償還計畫表 | | | | | | |
| 6 | 次數 | 本金 | 利息 | 還款額 | | | |
| 7 | 1 | -82,383 | -2,083 | -84,466 | | | |
| 8 | 2 | -82,554 | -1,912 | -84,466 | | | |
| 9 | ❷ 3 | -82,726 | -1,740 | -84,466 | | | |
| 10 | 4 | -82,899 | -1,567 | -84,466 | | | |
| 11 | 5 | -83,071 | -1,395 | -84,466 | | | |
| 12 | 6 | -83,245 | -1,222 | -84,466 | | | |
| 13 | 7 | -83,418 | -1,048 | -84,466 | | | |
| 14 | 8 | -83,592 | -874 | -84,466 | | | |
| 15 | 9 | -83,766 | -700 | -84,466 | | | |
| 16 | 10 | -83,940 | -526 | -84,466 | | | |
| 17 | 11 | -84,115 | -351 | -84,466 | | | |
| 18 | 12 | -84,291 | -176 | -84,466 | | | |
| 19 | 合計 | -1,000,000 | -13,593 | -1,013,593 | | | |
| 20 | | | | | | | |

❶ 將**利率（年）**的儲存格 [C2] 除以 12，以轉換成月息。將「C2/12」以絕對參照指定成 [ 利率 ]

❷ 將**次數**的儲存格 [A7] 以欄絕對的混合參照方式指定成 [ 期間 ]

❸ 將**償還期間（年）**的儲存格 [C3] 乘以 12，換算成支付月數。將「C3*12」以絕對參照方式指定成 [ 償還期間 ]

❹ 將**借款金額**的儲存格 [C4] 以絕對參照方式指定成 [ 現在價值 ]。預測在期末支付，因此 [ 未來價值 ] 和 [ 支付日期 ] 省略

**=IPMT($C$2/12,$A7,$C$3*12,$C$4)**
　❺

| | A | B | C | D | E | F | G |
|---|---|---|---|---|---|---|---|
| | C7 | ▼ ⋮ × ✓ fx | =IPMT($C$2/12,$A7,$C$3*12,$C$4) | | | | |
| 5 | ▼償還計畫表 | | | | | | |
| 6 | 次數 | 本金 | 利息 | 還款額 | | | |
| 7 | 1 | -82,383 | -2,083 | -84,466 | | | |
| 8 | 2 | -82,554 | -1,912 | -84,466 | | | |
| 9 | 3 | -82,726 | -1,740 | -84,466 | | | |
| 10 | 4 | -82,899 | -1,567 | -84,466 | | | |

❺ PPMT 函數利用**自動填滿**功能，將公式往右複製，然後再將函數名稱變更成「IPMT」

# 試算在指定期間的本金和利息

償還計畫表中一定期間的本息合計是指，在提前償還時所需要的金額，利息的合計則是可節省下來的金額。這裡將試算提前償還時，需準備多少本金及可節省的利息。

| 格式 | 分類 | 財務 | | 2007 2010 2013 2016 |
|------|------|------|--|---------------------|

**CUMPRINC(利率,期間,現在價值,開始期間,結束期間,支付日期)**

**CUMIPMT(利率,期間,現在價值,開始期間,結束期間,支付日期)**

### 引數

| [利率] | 指定利息或輸入數值的儲存格。 |
|--------|------------------------------|
| [期間] | 指定償還期間或輸入數值的儲存格。另外，[利率]和[期間]的時間單位需相同。期間若以月為單位，則利率也要指定成月息。 |
| [現在價值] | 指定現值或輸入數值的儲存格。借款的情況下，指定借款金額。 |
| [開始期間]、[結束期間] | 指定求得合計的期間，從[開始期間]到[結束期間]的償還期（例如：第10次～第15次），或數值儲存格。 |
| [支付日期] | 進行支付的時間點，期末為「0」，期初為「1」。不可省略。 |

---

**🖋 Memo**

依照提前期間的不同，利息也不同

依照開始提前的時間點，求得的本金和利息也會有所不同。在本息平均攤還的方式中，愈早提前償還，可以節省的利息就越多。

---

**🔑 Keyword**

從償還計畫表中求得提早償還的金額

償還計畫表第2次～第5次本金的儲存格範圍[B8:B11]的合計為「-160,480」，與CUMPRINC函數的結果相同。利息也相同。償還計畫表可利用PPMT函數及IPMT函數來製作。

**範例1** 計算提前償還時需要的本金和利息　　　CUMPRINC/CUMIPMT

以年利率 5% 借入 100 萬，計算每月還款，2 年償還完畢。期間若要提前償還時，試算需要多少本金及可節省多少利息。

`=CUMPRINC($C$2/12,$C$3*12,$C$4,G$3,G$4,0)`

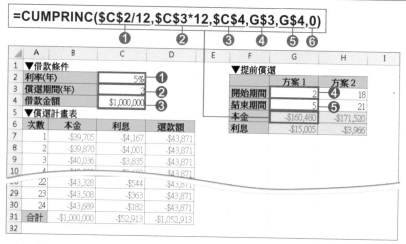

❶ 將利率（年）的儲存格 [C2] 除以 12，以轉換成月息。將「C2/12」以絕對參照指定成 [ 利率 ]

❷ 將償還期間（年）的儲存格 [C3] 乘以 12，換算成支付月數。將「C3*12」以絕對參照方式指定成 [ 期間 ]

❸ 將借款金額的儲存格 [C4] 以絕對參照方式指定成 [ 現在價值 ]

❹ 將提前償還開始期間的儲存格 [G3] 以列絕對的混合參照指定成 [ 開始期間 ]

❺ 將提前償還結束期間的儲存格 [G4] 以列絕對的混合參照指定成 [ 結束期間 ]

❻ 為期末支付，因此將「0」指定成 [ 支付日期 ]

`=CUMIPMT($C$2/12,$C$3*12,$C$4,G$3,G$4,0)`

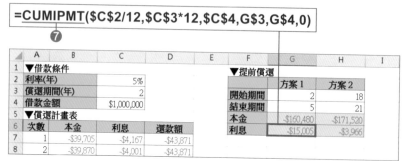

❼ CUMPRINC 函數利用**自動填滿**功能，將公式往下複製，然後再將函數名稱變更成「CUMIPMT」

# 62 求得儲蓄或償還利率與期間

每次以固定利息存入固定金額的情況下,可以利用 NPER 函數求得要達到目標金額的話,需要多久期間。另外,利用 RATE 函數可以求得在指定期間後,要得到目標金額時,所需要的利率。

| 格式 | 分類 財務 | 2007 2010 2013 2016 |
| --- | --- | --- |

NPER(利率,定期支付額,現在價值,[未來價值],[支付日期])

RATE(期間,定期支付額,現在價值,[未來價值],[支付日期],
[推估值])

### 引數

[利率]　　　　　指定存款利息或還款利息或輸入數值的儲存格。

[定期支付額]　　指定每次的支付額或輸入數值的儲存格。

[現在價值]　　　指定現值或輸入數值的儲存格。儲蓄的情況下,為存款的頭期款,
　　　　　　　　貸款的情況下,就指定貸款金額。省略時會被視為「0」。

[未來價值]　　　指定目標金額。省略時會被視為「0」。

[支付日期]　　　進行支付的時間點,期末為「0」,期初為「1」。省略時會被視為「0」。

[期間]　　　　　指定存款期間或償還期間或輸入數值的儲存格。

[推估值]　　　　指定推測的利率。通常會省略推估值。省略時會以 10% 來計算。

**範例1** 求得償還次數　　　　　　　　　　　　　　　　　　NPER

試算每個月償還 1 萬,償還完 144 萬
元需要多少期間。

`=NPER(B2/12,-B5,B3,B4,0)`
　　　　　　❶　　❷　❸　❹ ❺

❶ 將**利率 ( 年 )** 的儲存格 [B2] 除以 12,以轉換成月息。將「B2/12」以絕對參照
指定成 [ 利率 ]

❷ 將**每月償還金額**的儲存格 [B5] 加上負數符號後,把「-B5」指定成 [ 定期支付額 ]

❸ 將**貸款金額**的儲存格 [B3] 指定成 [ 現在價值 ]

❹ 將**期滿後剩餘貸款金額**的儲存格 [B4] 指定成 [ 未來價值 ]

❺ 為期末支付,因此將「0」指定成 [ 支付日期 ]。也可省略

---

**範例2** 求得最後一次的償還金額　　　　　　　　　　NPER/ROUNDUP/FV

試算每個月償還 1 萬,償還完 144 萬元需要多少期
間的同時,一併求得最後一次的償還金額。

`=ROUNDUP(NPER(B2/12,-B5,B3,B4,0),0)`
　　　　　　　　　　❶　　　　　　　　　❷

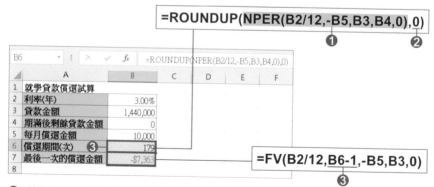

`=FV(B2/12,B6-1,-B5,B3,0)`
　　　　　　　　　❸

❶ 利用 NPER 求得還款完成的期間,再將它指定成 ROUNDUP 函數的 [ 數值 ]

❷ 為捨去小數位數,所以將「0」指定成 [ 位數 ]

❸ 利用 FV 求得貸款餘額。最後一次的償還金額是指上一次貸款的餘額。因此,
將償還期間的上一次「B6-1」指定成 [ 期間 ]

從償還期間、償還金額和貸款金額中求得貸款利率的上限。

=RATE(B3*12,-B4,B5)*12
　❶　❷　❸　❹

❶ 將**償還期間（年）**的儲存格 [B3] 除以 12，以轉換成月息。將「B3*12」指定成 [期間]

❷ 將**償還金額（月）**的儲存格 [B4] 加上負數符號後，把「-B4」指定成 [定期支付額]

❸ 將**貸款金額**的儲存格 [B5] 指定成 [現在價值]

❹ 將月息換算成年息，所以乘以 12

想要在 10 年後領取 650 萬元時，若每年固定存入 70 萬，需要多少利率才能達成。

=RATE(B3,B4,-B5,0,0)
　❶　❷　❸　❹❺

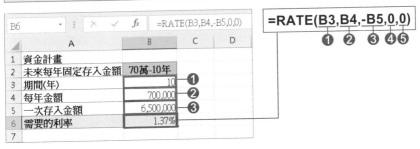

❶ 將**期間（年）**的儲存格 [B3] 指定成 [期間]

❷ 將**每年金額**的儲存格 [B4] 指定成 [定期支付額]

❸ 將**一次存入金額**的儲存格 [B5] 加上負數符號後，把「-B5」指定成 [現在價值]

❹ 因已領取，所以將「0」指定成 [未來價值]

❺ 因為期末支付，所以將「0」指定成 [支付日期]

# 字串的編輯技巧

# 將字串統一成全形或半形字元

若表格內的相同資料中混合著全形字元或半形字元時,除了讓表格看起來不美觀外,資料的計算也可能會出現錯誤。這裡將介紹把字串統一成半形字元或全形字元的函數。

| 格式 | 分類 文字 | 2007 2010 2013 2016 |

## ASC(字串)
## BIG5(字串)

### 引數

[字串]　指定字串或輸入字串的儲存格。在引數中直接指定字串時,字串的前後要用「"(雙引號)」框住。另外,雖然只可以指定一個儲存格,但若用「&」來連結多個儲存格的話,會被當成一個連續的字串。

### ■ 文字類型的變換

各種字串類型相對於 ASC 函數及 BIG5 函數的回傳值結果如下。在 ASC 函數中,即使指定全形中文字也不會出現錯誤,會轉換為半形。另外,在 2 個函數中指定數值或邏輯值時,會被轉換成全形/半形的字串。

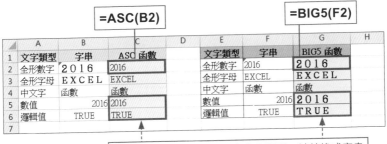

數值或邏輯值在儲存格內會靠左對齊。被轉換成字串

**範例 1** 將 E-MAIL 統一成半形字元 `ASC`

將混有全形字元的使用者名稱，製作成半形字元的 E-MAIL。

=ASC(B4&"@"&$B$2)
❶ ❷ ❸

❶ 指定輸入「使用者名稱」的儲存格 [B4]

❷ 直接輸入 E-MAIL 的「@」，並用「"（雙引號）」框住「@」

❸ 以絕對參照方式指定輸入「Domain」的儲存格 [B2]

**範例 2** 將記錄表中半形字元統一成全形字元 `BIG5`

將水果銷售記錄中的「水果」名稱統一成全形文字。

計算條件為「Ｇｕａｖａ」，因此「Guava」不會被當成計算的對象

=BIG5(範例!C3)
❶

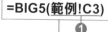

統一文字類型後，計算結果也會自動更新

❶ 將**範例**工作表的儲存格 [C3] 指定成 [ 字串 ]

# 刪除字串中多餘的空白

在輸入資料時,有時會利用空白字元來調整資料的整齊度。但多餘的空白字元可能會變成計算或篩選資料時,發生錯誤的原因。利用 TRIM 函數可清除多餘的空白。

| 格式 | 分類 文字 | | | | 2007 2010 2013 2016 |

## TRIM(字串)

### 引數

[字串] 　 指定字串或輸入字串的儲存格。直接在引數中指定字串時,要在字串的前後用「"(雙引號)」框住。另外,只能指定一個儲存格。

### 範例1 刪除資料前面多餘的空白 　　　　　　　　　　　TRIM

刪除為了讓資料看似向右對齊的多餘空白。

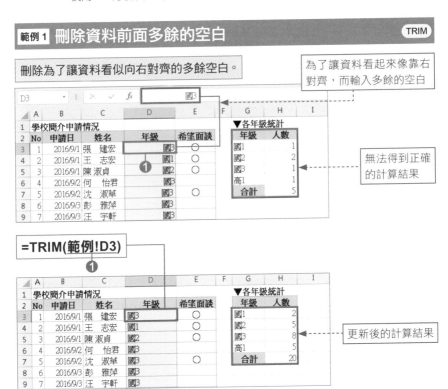

為了讓資料看起來像靠右對齊,而輸入多餘的空白

無法得到正確的計算結果

**=TRIM(範例!D3)**

更新後的計算結果

① 將**範例**工作表中的**年級**儲存格 [D3] 指定成 [字串],將多餘的空白刪除

**範例 2** 刪除文字間多餘的空白　　　　　　　　　　　　　　　TRIM

將姓名的姓和名之間統一顯示 1 個文字的空白。

=TRIM(範例!C3)　　　　　錯誤的空白
❶

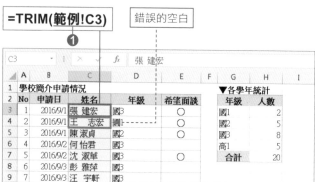

❶ 將**範例**工作表**姓名**儲存格 [C3] 指定成 [ 字串 ]，留下 1 個文字的空白後，刪除其他多餘的空白

---

**Memo**

多餘空白造成錯誤的原因

在 Excel 中，「國 3」和「　　　國 3」會被當成不同的資料，所以無法正確計算。另外，在篩選功能中，篩選出「國 3」的情況下，「　　　國 3」就不會被篩選出來。所以在輸入資料時，請注意不要按下多餘的 空白鍵 。

---

**Memo**

留下文字間的空白

文字與文字間有超過 2 個文字的空白時，會留下第一個空白。當第一個空白為全形空白，就會留下全形空白，半形的情況下，只會留下一個空白。

求得儲存格內的字數可以判斷在有規定的位數中,是否有輸入正確的號碼,或判斷輸入字串中是否混合著半形及全形文字。

| 格式 | 分類 文字 | 2007 2010 2013 2016 |
| --- | --- | --- |

## LEN(字串)
## LENB(字串)

### 引數

[字串]　指定字串或輸入字串的儲存格。直接在引數中指定字串時,要在字串的前後用「"(雙引號)」框住。另外,只能指定一個儲存格。

### 範例1 確認「商品編號」的位數　　　　　　　　　　LENB/IF

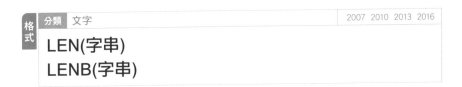

判斷輸入「商品編號」的位數是否為7位數。　　=LENB(B3)=7

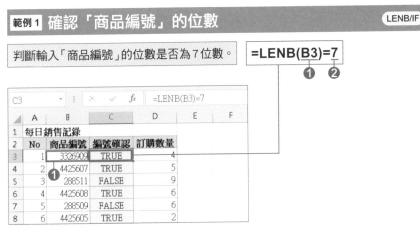

❶ 將**商品編號**的儲存格 [B3] 指定成 [ 字串 ]

❷ 在❶中判斷**商品編號**的位數是否為 7 位數。相同的話,就顯示「TRUE」,不相同則顯示「FALSE」

#### 🔑Keyword

LEN/LENB

LEN 函數以字元數計算,因此與儲存格內字串的全形/半形無關。LENB 函數則是以半形為 1 個位元,全形為 2 個位元方式計算。

**範例2** 確認地址是否以全形文字輸入 ‖ LEN/LENB/IF

判斷地址是否皆以全形文字輸入。

$$\text{=LEN(B3)*2=LENB(B3)}$$

❶ ❸ ❷

❶ 將**地址**的儲存格 [B3] 指定給無關全形／半形，以單一字元計算的 LEN 函數的 [ 字串 ]

❷ 將儲存格 [B3] 指定給 1 個全形文字以 2 個位元計算的 LENB 函數的 [ 字串 ]

❸ 判斷❶求得字數的 2 倍，是否等於❷求得的位元數

依照 IF 函數的判斷結果做不同的處理。

$$\text{=IF(LEN(B3)*2=LENB(B3),"○","✕")}$$

❹ ❺

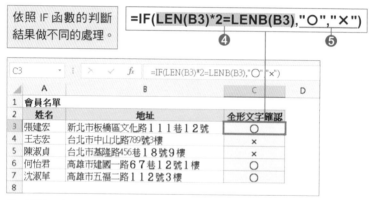

❹ 判斷❶求得字數的 2 倍，是否等於❷求得的位元數

❺ 判斷結果為「TRUE」則顯示「○」，結果為「FALSE」則顯示「✕」

💡 **Hint**

換行會以 1 個字元計算

在儲存格內以 Alt + Enter 鍵強制換列時，LEN 函數會以 1 個字元，LENB 函數則會以 1 個位元計算。

# 查詢指定文字在字串中的位置

查詢儲存格內特定文字的位置後，可以將查詢到的文字置換成其他文字，或是分割字串時用來做標記等。

| 格式 | 分類 文字 | 2007 2010 2013 2016 |
|---|---|---|

FIND(搜尋字串,對象,[開始位置])
FINDB(搜尋字串,對象,[開始位置])
SEARCH(搜尋字串,對象,[開始位置])
SEARCHB(搜尋字串,對象,[開始位置])

## 引數

[搜尋字串]　　　指定字串或輸入字串的儲存格。直接在引數中指定字串時，要在字串的前後用「"（雙引號）」框住。

[對象]　　　　　直接輸入或指定儲存格的方式，指定要在 [ 搜尋字串 ] 中要搜尋的字串。直接在引數輸入字串時，在字串前後要用「"（雙引號）」框住。

[開始位置]　　　利用數值或輸入數值儲存格的方式，指定要從 [ 搜尋字串 ] 的第幾個文字開始搜尋 [ 對象 ]。省略指定時，[ 對象 ] 會從字串的第 1 個文字開始搜尋。

🔑 Keyword

FIND／FINDB／SEARCH／SEARCHB

FIND／FINDB 函數是用來搜尋指定文字為字串中第幾個文字。沒有指定 [ 開始位置 ] 時，[ 對象 ] 會從指定字串的第 1 個字元開始搜尋。2 個函數不同的地方在於，FIND 函數不論全形／半形，皆以 1 個字元計算。FINDB 函數則是以半形為 1 個**位元**，全形為 2 個位元方式計算。另外 SEARCH 及 SEARCHB 函數有以下兩項差異。

· 在 [ 搜尋字串 ] 中可以指定萬用字元。

· 沒有區分英文字的大小寫。

**範例 1** 搜尋地址中「區」的位置　　　　　　　　　　　　FIND

查詢地址中,「區」的位置。

=FIND("**區**",C3)
　　　　　❶　❷

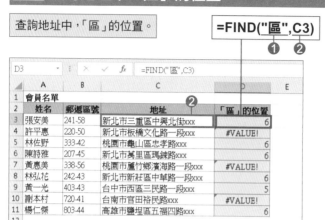

❶ 在 [ 搜尋字串 ] 中輸入「" 區 "」

❷ 將**地址**儲存格的 [C3] 指定成 [ 對象 ]。要從地址的開頭開始查詢「區」,因此省略 [ 開始位置 ]

**範例 2** 地址沒有「區」就顯示「3」　　　　　　　　　IFERROR/FIND

「區」的搜尋結果為 [#VALUE!] 錯誤值時,就顯示「3」。

=IFERROR(D3,3)
　　　　　　❶ ❷

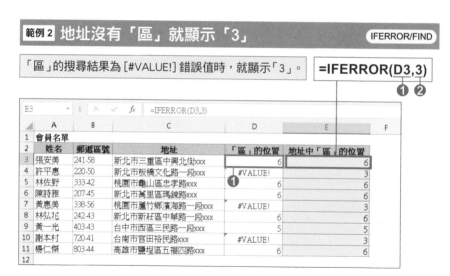

❶ 將輸入 FIND 函數的儲存格 [D3] 指定成 IFERROR 函數的「值」,以判斷是否為錯誤

❷ 將「3」指定成 [ 錯誤時的回傳值 ]。當 FIND 函數出現錯誤時,就會顯示「3」

事先確認接下來要輸入**當天報名情況**的儲存格，是否有輸入多餘的文字。

=SEARCH("*",B3)
❶　❷

❶ 將代表任何文字的「"*"」指定成 [ 搜尋字串 ]

❷ 將**當天報名情況**的儲存格 [B3] 指定成「對象」。要確認有沒有輸入任何值時，與開始位置不相關，因此 [ 開始位置 ] 可以省略

---

利用 **範例 3** 的結果，將輸入多餘文字的儲存格以訊息表示。

=IF(ISERROR(SEARCH("*",B3)),"","非空白儲存格")
　　　❷　　　　　❶　　　　　❸　　　　❹

| C3 | ▾ | : | × | ✓ | fx | =IF(ISERROR(SEARCH("*",B3)),"","非空白儲存格") |
|---|---|---|---|---|---|---|

| ◢ | A | B | C | D | E | F | G |
|---|---|---|---|---|---|---|---|
| 1 | 同學會參加情況 | | | | | | |
| 2 | 姓名 | 當天報名情況 | 報名前的事先確認 | | | | |
| 3 | 張建宏 | | 非空白儲存格 | | | | |
| 4 | 王志宏 | | | | | | |
| 5 | 陳淑貞 | | | | | | |
| 6 | 何怡君 | | 非空白儲存格 | | | | |
| 7 | 沈淑華 | | | | | | |
| 8 | 彭雅萍 | | 非空白儲存格 | | | | |
| 9 | 汪宇軒 | | | | | | |

❶ 將 **範例 3** 的 SEARCH 函數指定成 ISERROR 函數的 [ 測試對象 ]

❷ 將❶求得的判斷結果指定成 IF 函數的 [ 條件式 ]

❸ SEACH 函數在儲存格中沒有輸入任何資料時，出現 [#VALUE!] 錯誤值在 ISERROR 函數中會判斷成「TRUE」，因此將「""」指定成 [ 條件成立 ]

❹ [ 條件不成立 ] 時，則顯示「非空白儲存格」

## 範例 5 搜尋全形空白的位置　　FIND/SEARCH

在姓和名字之間搜尋全形空白的位置。

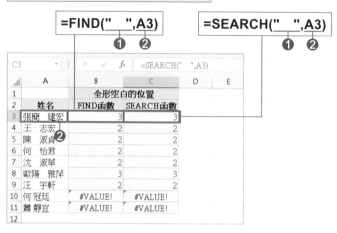

**=FIND("　",A3)**
❶　❷

**=SEARCH("　",A3)**
❶　❷

❶ 將「　」指定成 [ 搜尋字串 ]

❷ 將**姓名**的儲存格 [A3] 指定成 [ 對象 ]。要從姓名的起始位置開始搜尋，所以省略 [ 開始位置 ]

---

💡 **Hint**

範例 4 的組合

在儲存格中輸入任何資料時，會以「1」表示。這裡若輸入「=IF(SEARCH("*",B3)=1, " 非空白儲存格 ","")」公式，只要判斷 SEARCH 函數的執行結果是否為 1 的話，就不需要使用到 ISERROR 函數。但是，即使 SEARCH 函數回傳「1」時，也會回傳 [#VALUE!] 錯誤值，而在回傳錯誤值的情況下會造成在 IF 函數中出現錯誤，而顯示如圖的 [#VALUE!] 錯誤值。基於以上的原因，所以在 範例 4 中要使用 IF 函數和 ISERROR 函數的組合才能避免錯誤的發生。

| | A | B | C | D | E | F |
|---|---|---|---|---|---|---|
| | C3 | | fx | =IF(SEARCH("*",B3)=1,"非空白儲存格","") | | |
| 1 | 同學會參加情況 | | | | | |
| 2 | 姓名 | 當天報名情況 | 報名前的事先確認 | | | |
| 3 | 張建宏 | | 非空白儲存格 | | | |
| 4 | 王志宏 | | #VALUE! | | | |
| 5 | 陳淑貞 | | #VALUE! | | | |
| 6 | 何怡君 | | 非空白儲存格 | | | |
| 7 | 沈淑華 | | #VALUE! | | | |
| 8 | 彭雅萍 | | 非空白儲存格 | | | |
| 9 | 汪宇軒 | | #VALUE! | | | |
| 10 | 何冠廷 | | 非空白儲存格 | | | |

# 67 從字串的左邊或右邊開始取得資料

這裡將介紹從地址中取出縣市區域資料，或從商品編號中取出指定位數的取得字串的函數。

| 格式 | 分類 | 文字 | | | 2007 2010 2013 2016 |
| --- | --- | --- | --- | --- | --- |

**LEFT(字串,[字元數])**
**LEFTB(字串,[位元數])**
**RIGHT(字串,[字元數])**
**RIGHTB(字串,[位元數])**

## 引數

[字串]　　指定字串或輸入字串的儲存格。直接在引數中指定字串時，要在字串的前後用「"（雙引號）」框住。

[字元數]　指定從 [ 字串 ] 中取出的字元數數值或數值儲存格。字元數是不論全形／半形文字皆以 1 個字元數計算。省略時，會被視為 1 個字元。

[位元數]　指定從 [ 字串 ] 中取出的位元數數值或數值儲存格。位元數是指 1 個半形文字。省略時，會被視為 1 個位元。

### ■ LEFT 函數和 RIGHT 函數的回傳值

LEFT 函數是從字串的起始文字開始，以 1,2,3…方式來計算文字位置。RIGHT 函數則是從字串的尾端開始，以 1,2,3…方式來計算文字位置。

▼ 用 LEFT 函數取出左邊 3 個文字的情況

| 字串位置 | 1 | 2 | 3 | 4 | 5 | 6 | 7 |
| --- | --- | --- | --- | --- | --- | --- | --- |
| 字串列 | 台 | 北 | 市 | 中 | 山 | 北 | 路 |
| LEFT函數的回傳值 | 台 | 北 | 市 | | | | |

▼ RIGHT 函數取出右邊 4 個文字的情況

| 字串位置 | 7 | 6 | 5 | 4 | 3 | 2 | 1 |
| --- | --- | --- | --- | --- | --- | --- | --- |
| 字串列 | 台 | 北 | 市 | 中 | 山 | 北 | 路 |
| RIGHT函數的回傳值 | | | | 中 | 山 | 北 | 路 |

**範例 1** 從地址資料中取出縣市區域　　　　　　　　　　　　　**LEFT**

> 從地址資料中取出縣市區域後，顯示在其他儲存格。　　**=LEFT(C3,D3)**
> ❶ ❷

❶ 將**地址**的儲存格 [C3] 指定成「字串」

❷ 將要取出縣市區域名的「**區**」**的位置**的儲存格「D3」指定成「字元數」

---

**範例 2** 將不同位數的數值統一成三位數　　　　　　　　　　　**RIGHT**

> 將區域和三位數的「受理順序」，當成「攤位 ID」。

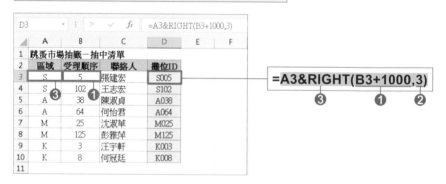

**=A3&RIGHT(B3+1000,3)**
❸　　　　❶　　❷

❶ 將**受理順序**的儲存格 [B3] 加上「1000」，讓受理順序變成 4 位數。以儲存格 [B3] 來說，RIGHT 函數的 [ 字串 ] 會變成「1005」

❷ 要取出後 3 碼 ( 右邊開始的 3 位數 )，所以將「3」指定成「字元數」。以儲存格 [B3] 來說，從「1005」取出的後 3 碼為「005」

❸ 將區域的儲存格 [A3] 和在 ❷ 中取得的 3 位數受理順序，利用文字運算式「&」連結

# Unit 68 從字串中取得資料

這裡將介紹從字串中間取得指定位數資料的函數。例如，從地址資料中取得區域名稱後的地址，或從姓名中取得名字等。要取得開始取出資料的位置時，可以利用 FIND 函數或 SEARCH 函數來搜尋。

| 格式 | 分類 文字 | 2007 2010 2013 2016 |
|---|---|---|

**MID(字串,開始位置,字元數)**
**MIDB(字串,開始位置,位元數)**

### 引數

[字串] 指定字串或輸入字串的儲存格。直接在引數中指定字串時，要在字串的前後用「"（雙引號）」框住。

[開始位置] 指定要從字串中開始取出文字位置的數值或輸入數值的儲存格。

[字元數] 指定從 [ 字串 ] 中取出的字元數數值或數值儲存格。字元數是不論全形／半形文字皆以 1 個字元數計算。另外，當 [ 位元數 ] 大於 [ 字串 ] 的字數時，到字串最後的資料皆會被取出。

[位元數] 指定從 [ 字串 ] 中取出的位元數數值或數值儲存格。位元數是指 1 個半形文字。當 [ 位元數 ] 大於 [ 字串 ] 的位元數時，到字串最後的資料皆會被取出。

### 範例1 取出縣市區域之後的地址 `MID/LEN`

從地址中取出縣市區域後的地址，並顯示在其他儲存格。

=LEN(B3) ❶

=MID(B3,C3+1,D3) ❷ ❸ ❹

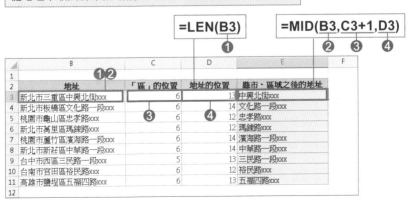

| | B | C | D | E | F |
|---|---|---|---|---|---|
| 1 | | | | | |
| 2 | 地址 | 「區」的位置 | 地址的位置 | 縣市、區域之後的地址 | |
| 3 | 新北市三重區中興北街xxx | 6 | 13 | 中興北街xxx | |
| 4 | 新北市板橋區文化路一段xxx | 6 | 14 | 文化路一段xxx | |
| 5 | 桃園市龜山區忠孝路xxx | 6 | 12 | 忠孝路xxx | |
| 6 | 新北市萬里區瑪鍊路xxx | 6 | 12 | 瑪鍊路xxx | |
| 7 | 桃園市蘆竹區濱海路一段xxx | 6 | 14 | 濱海路一段xxx | |
| 8 | 新北市新莊區中華路一段xxx | 6 | 14 | 中華路一段xxx | |
| 9 | 台中市西區三民路一段xxx | 5 | 13 | 三民路一段xxx | |
| 10 | 台南市官田區裕民路xxx | 6 | 12 | 裕民路xxx | |
| 11 | 高雄市鹽埕區五福四路xxx | 6 | 13 | 五福四路xxx | |
| 12 | | | | | |

❶ 將**地址**的儲存格 [B3] 指定成 LEN 函數的 [ 字串 ]，以求得地址的字數

❷ 將**地址**的儲存格 [B3] 指定成 MID 函數的 [ 字串 ]，以指定分割對象的字串

❸ 資料取出的位置為縣市區域**區的位置**的儲存格 [C3] 的下一個字元，因此將「C3+1」指定成 [ 開始位置 ]

❹「原地址的長度刪除縣市區域的長度」，因此指定原地址長度時，不會有資料無法完全顯示的情況產生。這裡將**地址的位置**儲存格 [D3] 指定成 [ 字元數 ]

---

**Memo**

可以在字元數中輸入絕對足夠字數的數值

在 **範例1** 中，用 LEN 函數取得地址的文字數，讓地址不會有長度不足的情況發生。除此之外，也可以指定一個一定足夠地址顯示的數值，例如：100( 請參照 **範例2** )。

---

**範例2** 將姓名的羅馬拼音分成姓和名　　　　　　　　　　　　MID/LEN

將姓名的羅馬拼音，在用半形空白的位置區分成姓和名。

=MID(C3,1,D3-1)　　　=MID(C3,D3+1,100)
　❶❷　❸　　　　　❶　❹　❺

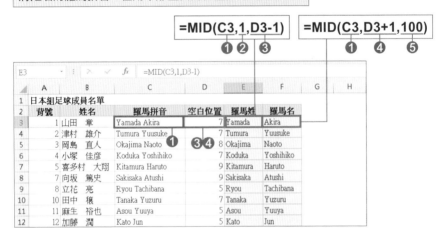

❶ 將**羅馬拼音**的儲存格 [C3] 指定成 [ 字串 ]

❷ **羅馬姓**是從**羅馬拼音**的開頭開始取得，因此將「1」指定給 [ 開始位置 ]

❸ **羅馬姓**要取出的字數為空白位置儲存格 [D3] 的前 1 個文字，因此將「D3-1」指定成 [ 字元數 ]

❹ **羅馬名**是從**空白位置**儲存格 [D3] 的後 1 個文字開始取得，因此將「D3+1」指定成 [ 開始位置 ]

❺ 以一個絕對大於**羅馬拼音**的字數值，這裡指定「100」，以取得到最後的資料

# 將指定的文字用
# 其他文字取代

想在商品名稱前面加上「New」，或將公司名的「有限公司」變更成「股份有限公司」等，想要變更部分名稱時，可以利用 SUBSTITUTE 函數將資料全面更新。

| 格式 | 分類 | 文字 | | 2007 2010 2013 2016 |
|---|---|---|---|---|

## SUBSTITUTE(字串,搜尋字串,取代字串,[置換對象])

### 引數

[字串]　　　 指定字串或輸入字串的儲存格。

[搜尋字串]　 指定要置換對象的字串或儲存格。

[取代字串]　 指定要取代的字串或字串儲存格。

[置換對象]　 在指定的 [ 搜尋字串 ] 中尋找到多個字串的情況下，指定要取代從起始的第幾個搜尋字串的數值或儲存格。省略時，所有被搜尋到的字串皆會被取代。

**範例1 更新商品編號**　　　　　　　　　　　　　　　　　　`SUBSTITUTE`

將商品編號的「12885」變更成「99876」。

**=SUBSTITUTE(B3,"12885","99876")**
　　　　　　　　❶　　❷　　　❸

❶ 將**商品編號**的儲存格 [B3] 指定成 [ 字串 ]

❷ 將「"12885"」指定成 [ 搜尋字串 ]

❸ 將「"99876"」指定成 [ 取代字串 ]。另外，省略 [ 置換對象 ]

**範例 2** 刪除公司名稱的 (股)　　　　　　　　　　　　　BIG5/SUBSTITUTE

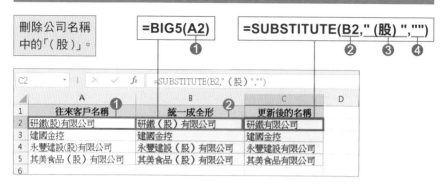

刪除公司名稱中的「(股)」。

**=BIG5(A2)**　❶

**=SUBSTITUTE(B2," (股) ","")**　❷ ❸ ❹

| | A | B | C | D |
|---|---|---|---|---|
| 1 | 往來客戶名稱 | 統一成全形 | 更新後的名稱 | |
| 2 | 研鐵(股)有限公司 | 研鐵（股）有限公司 | 研鐵有限公司 | |
| 3 | 建國金控 | 建國金控 | 建國金控 | |
| 4 | 永豐建設(股)有限公司 | 永豐建設（股）有限公司 | 永豐建設有限公司 | |
| 5 | 其美食品（股）有限公司 | 其美食品（股）有限公司 | 其美食品有限公司 | |
| 6 | | | | |

❶ 將**往來客戶名稱**的儲存格 [A2] 指定成 BIG5 函數的 [ 字串 ]，以轉換成全形文字

❷ 將在❶轉換成全形文字的儲存格 [B2] 指定成 SUBSTITUTE 函數的 [ 字串 ]

❸ 將全形括弧的「"（股）"」指定成 [ 搜尋字串 ]

❹ 將「""」（長度為 0 的字串）指定成 [ 取代字串 ]，以刪除「(股)」

---

**範例 3** 刪除所有全形空白　　　　　　　　　　　　　　BIG5/SUBSTITUTE

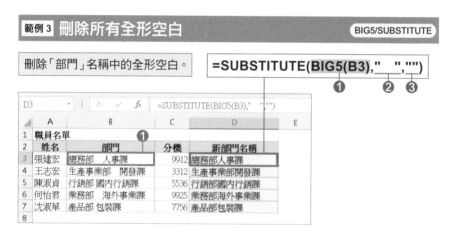

刪除「部門」名稱中的全形空白。

**=SUBSTITUTE(BIG5(B3)," 　","")**　❶ ❷ ❸

| | A | B | C | D | E |
|---|---|---|---|---|---|
| 1 | 職員名單 | | | | |
| 2 | 姓名 | 部門 | 分機 | 新部門名稱 | |
| 3 | 張建宏 | 總務部　人事課 | 9912 | 總務部人事課 | |
| 4 | 王志宏 | 生產事業部　開發課 | 3312 | 生產事業部開發課 | |
| 5 | 陳淑貞 | 行銷部 國內行銷課 | 5536 | 行銷部國內行銷課 | |
| 6 | 何怡君 | 業務部　海外事業課 | 9925 | 業務部海外事業課 | |
| 7 | 沈淑華 | 產品部 包裝課 | 7756 | 產品部包裝課 | |
| 8 | | | | | |

❶ 將**部門**名稱的儲存格 [B3] 指定成 BIG5 函數的 [ 字串 ]，以轉換成全形文字

❷ 將「"　"」（全形空白儲存格）指定成 [ 搜尋字串 ]

❸ 將「""」（長度為 0 的字串）指定成 [ 取代字串 ]

# 70 將數值轉換成指定形式的字串

TEXT 函數可以將數值轉換成以指定方式顯示的字串。TEXT 函數可以將數值資料處理的日期轉換成星期，或加上「元」來顯示等。

| 格式 | 分類 | 文字 | 2007 2010 2013 2016 |
|---|---|---|---|

## TEXT(值,顯示格式)

### 引數

[值]             指定數值、日期、時間或輸入數值的儲存格。

[顯示格式]     指定顯示格式時，前後要用「"（雙引號）」框住。顯示格式的設定是用**儲存格格式**交談窗中所使用的格式符號。底下的範例中，日期以「aaa」，數值位數以「#,###」方式顯示。

---

**範例1** 將日期的顯示方式變更成星期     `TEXT`

將「報名日期」以星期的方式顯示。     **=TEXT(C3,"aaa")**
                                                ❶   ❷

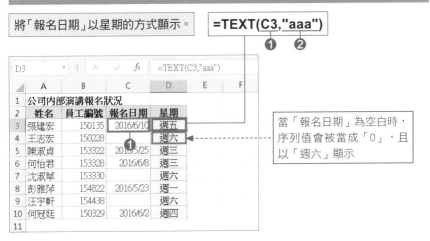

D3     fx   =TEXT(C3,"aaa")

| | A | B | C | D | E | F |
|---|---|---|---|---|---|---|
| 1 | 公司內部演講報名狀況 | | | | | |
| 2 | 姓名 | 員工編號 | 報名日期 | 星期 | | |
| 3 | 張建宏 | 150135 | 2016/6/10 | 週五 | | |
| 4 | 王志宏 | 150228 | | 週六 | | |
| 5 | 陳淑貞 | 153322 | 2016/5/25 | 週三 | | |
| 6 | 何怡君 | 153328 | 2016/6/8 | 週三 | | |
| 7 | 沈淑華 | 153330 | | 週六 | | |
| 8 | 彭雅萍 | 154822 | 2016/5/23 | 週一 | | |
| 9 | 汪宇軒 | 154438 | | 週六 | | |
| 10 | 何冠廷 | 150329 | 2016/6/2 | 週四 | | |
| 11 | | | | | | |

> 當「報名日期」為空白時，序列值會被當成「0」，且以「週六」顯示

❶ 將**報名日期**為輸入日期資料的儲存格 [C3] 指定成 [ 值 ]

❷ 將「"aaa"」指定成 [ 顯示格式 ]，星期會以星期的格式顯示

**範例2** 若日期為空白就不要顯示星期

「報名日期」未輸入任何資料的情況下，星期也不會顯示。

=IF(C3="","",TEXT(C3,"aaa"))
❶ ❷ ❸

避免顯示不必要的「週六」資料

❶ 在 IF 函數的 [ 條件式 ] 中輸入「C3=""」，判斷**報名日期**是否為空白

❷ 將「""」指定成 IF 函數的 [ 條件成立 ]，當**報名日期**為空白時，不要做任何顯示

❸ 將 TEXT 函數指定給 IF 函數的 [ 條件不成立 ]，將**報名日期**以星期的方式顯示

---

**範例3** 將數值轉換成字串 TEXT

在講師費後面加上「元」。

=TEXT(C2,"#,###元")
❶ ❷

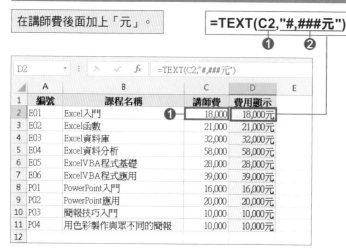

❶ 將**講師費**的儲存格 [C2] 指定成 [ 值 ]

❷ 將「"#,### 元 "」指定成 [ 顯示格式 ]，將數值加上千分位符號後，後面再加上「元」

# 以別的字串取代字串中
# 指定的位置及字數

在商品編號的第 4 個字數後插入「-（連字號）」，從名稱的第 3 個文字開始
變更成其他字串等，要在特定位置強制置換字串時，可以利用 REPLACE 函數
來完成。

| 格式 | 分類 | 文字 | 2007 2010 2013 2016 |
| --- | --- | --- | --- |

## REPLACE(字串,開始位置,字元數,取代字串)
## REPLACEB(字串,開始位置,位元數,取代字串)

### 引數

[字串]　　　　指定字串或輸入字串的儲存格。

[開始位置]　　指定要開始置換的文字位置之數值或輸入數值的儲存格。

[字元數]　　　指定要置換的字元數。指定「0」時，會在指定的文字位置中插入 [ 取
　　　　　　　代字串 ]。

[位元數]　　　指定要置換的位元數。1 位元為 1 個半形文字。1 個中文字為 2 位元。

[取代字串]　　指定置換字串或輸入字串的儲存格。若沒有做任何指定時，會從 [ 開
　　　　　　　始位置 ] 開始將 [ 字元數 ]（[ 位元數 ]）字串刪除。但因此引數無法省
　　　　　　　略，所以即使沒有做任何指定時，也要在 [ 字元數 ]（[ 位元數 ]）後面
　　　　　　　加上「,」（逗號）。

---

**🔑 Keyword**

REPLACE／REPLACEB

REPLACE／REPLACEB 函數與原來的字串構成或內容無關，只會依照指定的位置
和字數將字串強制置換。適合使用在有固定位數的字串，例如：商品編號或員工
編號等。

## 範例 1 在電話號碼中插入「()」

REPLACE

將電話號碼的前 2 碼框起來。首先,先插入開始括弧。

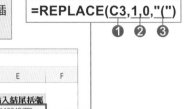

=REPLACE(C3,1,0,"(")
❶ ❷ ❸

| | A | B | C | D | E | F |
|---|---|---|---|---|---|---|
| 1 | 聯絡清單 | | | ❶ | | |
| 2 | 姓名 | 電話 | 修正後電話 | 插入開始括弧 | 插入結尾括弧 | |
| 3 | 陳淑貞 | 212345678 | 0212345678 | (0212345678 | (02)12345678 | |
| 4 | 何怡君 | 211223344 | 0211223344 | (0211223344 | (02)11223344 | |
| 5 | 沈淑華 | 799887766 | 0799887766 | (0799887766 | (07)99887766 | |
| 6 | 彭雅萍 | 455667788 | 0455667788 | (0455667788 | (04)55667788 | |
| 7 | 蕭靜宜 | 298765432 | 0298765432 | (0298765432 | (02)98765432 | |
| 8 | 杜詩涵 | 312349876 | 0312349876 | (0312349876 | (03)12349876 | |
| 9 | | | | | | |

D3 儲存格公式:=REPLACE(C3,1,0,"(")

❶ 將**修正後電話**的儲存格 [C3] 指定成 [ 字串 ]

❷ 將「1」指定成 [ 開始位置 ],將「0」指定成 [ 字元數 ],即可在第 1 個字元插入

❸ 開始括弧的前後用雙引號框住,將「"("」指定成 [ 取代字串 ]。在字串開頭插入開始括弧

接著,插入結束括弧。

=REPLACE(D3,4,0,")")
❹ ❺ ❻

E3 儲存格公式:=REPLACE(D3,4,0,")")

| | A | B | C | D | E | F |
|---|---|---|---|---|---|---|
| 1 | 聯絡清單 | | | ❹ | | |
| 2 | 姓名 | 電話 | 修正後電話 | 插入開始括弧 | 插入結尾括弧 | |
| 3 | 陳淑貞 | 212345678 | 0212345678 | (0212345678 | (02)12345678 | |
| 4 | 何怡君 | 211223344 | 0211223344 | (0211223344 | (02)11223344 | |
| 5 | 沈淑華 | 799887766 | 0799887766 | (0799887766 | (07)99887766 | |
| 6 | 彭雅萍 | 455667788 | 0455667788 | (0455667788 | (04)55667788 | |
| 7 | 蕭靜宜 | 298765432 | 0298765432 | (0298765432 | (02)98765432 | |
| 8 | 杜詩涵 | 312349876 | 0312349876 | (0312349876 | (03)12349876 | |

❹ 將**插入開始括弧**的儲存格 [D3] 指定成 [ 字串 ]

❺ 結束括弧要插入到第 4 個字元,所以將「4」指定給 [ 開始位置 ],將「0」指定成 [ 字元數 ]

❻ 結束括弧的前後用雙引號框住,將「")"」指定成 [ 取代字串 ]。完成後,就會在字串的第 4 個字元中插入結束括弧

---

📝 **Memo**

直接在引數中指定字串

直接在 REPLACE / REPLACEB 函數的 [ 字串 ] 和 [ 取代字串 ] 引數中輸入字串時,要在字串的前後用「"(雙引號)」框住。

**範例 2** 在電話號碼中補上「0」　　　　　　　　　　　REPLACE

在電話的開頭插入「0」。　　　　**=REPLACE(B3,1,0,0)**
　　　　　　　　　　　　　　　　　　　　❶ ❷ ❸

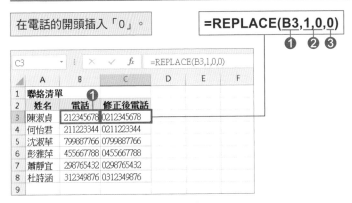

❶ 將**電話**的儲存格 [B3] 指定成 [ 字串 ]

❷ 將「1」指定成 [ 開始位置 ]，將「0」指定成 [ 字元數 ]，即可在第 1 個字元插入

❸ 將「0」指定成 [ 取代字串 ]，就會在第 1 個字元插入「0」

---

**📎 Memo**

字串置換後的處理

使用函數來整理整合的字串，皆屬於函數的回傳值。因此，若將原來的字串刪除時，函數的參照字串也會跟著不見，而出現 [#REF!] 的錯誤值（1-40 頁）。想要刪除原來字串時，請依下圖，將函數回傳值變更成「值」後，再將字串刪除。

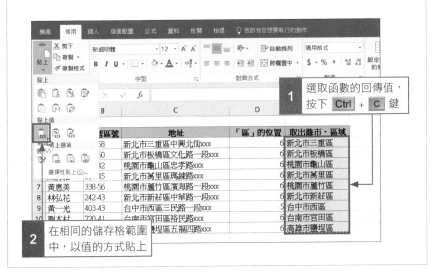

# 旗 標 FLAG

好書能增進知識　提高學習效率　卓越的品質是旗標的信念與堅持